獻給阿公阿嬤
我心中最美麗最親愛的老房子

改造老房子
住在光影與記憶交會的家
最新修訂版

目錄

老吾老以及房子之老

我第一次被老房子吸引，是透過觸摸。

大學時，跟著老師同學去德國、瑞士、法國尋訪景觀及建築作品，老師挑選的作品，有些是在鄉下的古鎮裡，在那裡巷弄所營造出來的狹長空間感是從未體驗過的，在現場我當下被震懾了。一百多歲民宅，牆是一塊塊的大石塊堆砌起來，門是高大木頭，厚實、表面沒有上漆而風化，而門把及門扣都是銅或鐵製，一樣厚重。

我緩而重地撫摸石牆，然後木門、門把，許久，整個手掌沾滿灰塵。但這觸感，好像喚起了什麼？說不上來。那是第一次對老房子產生好感。

國內的老房子種類，第一個讓我想到的是三合院，我很佩服能夠成功改造三合院的屋主，因為老古厝通常會出現白蟻、漏水、裂縫、屋頂坍塌等問題，不住在裡面的人，是無法體會那種困擾的，更遑論要充分改造、再住進去了。一般人早就放棄搬離、或拆毀重建了。

然而你可曾想過，不論是三合院或其他房子，只要曾經是自己的「家」，一旦被拆光，隨便重新蓋一個沒有經過構思的制式洋房，空間感或語彙沒有被接續，表面上好像破厝變豪宅，但其實已經與過去產生斷層，過往的生活難以再被憶起。有些人可能不感痛癢，但有的人會因此產生失落感。殊不知，即使是拆掉重蓋，你一樣可以延續之前的語彙、相同地方留下天井之類，透過一些小地方跟過去的故事試圖連結起來。

說到故事，老房子的故事可多了，有人是為了三棵大樹；有人是想擺脫獨門獨戶的電梯大樓、投入鄰居社區的親切懷抱；有人是人生受到重擊；有人是要延

續家族文化資產；也有人住進老房子夢想破滅……不過請讀者讀到那篇時，內心送個祝福與鼓舞給屋主吧！

在書中所談到的老房子，包括國內幾種常見屋型，從都市的老公寓及大樓、城鎮的連棟透天到鄉下的三合院與古厝，書中每位屋主他們的創意與經驗，不論是要改造、重建或新建，也都十分適合提供參考。他們擺脫制式的裝潢形式，將自己的 know-how 和需求融入改造大計，特色主要可以分為六大類：

1. 新舊交接的設計

加建新樓層、或房子後段加長、或兩者都增加，這樣的狀況以連棟透天居多，屋主多使用鋼骨、輕鋼構來與原屋相接，可以趁著這時候，將光線、通風、防止西曬等狀況也考量進去。

2. 活用被動式設計

若一間房子在改造或建蓋的時候，就把完整的被動式設計也納入思考，完工之後不必花錢、或花少錢就可以享有舒適生活，這些舒適元素包括適合人的溫度、溼度、通風、空氣品質、採光及音量。

被動式設計（Passive Design），是指用被動的手法來節能或運用天然能源。台大城鄉所劉可強教授舉了一個簡單例子來說明：在日夜溫差大的地區，白天陽光很強、晚上很冷，那麼就把房子有陽光直射的那面牆蓋得厚一點，這樣白天時可以阻擋熱、晚上牆面會開始散熱，室內也較溫暖。

「透過厚牆來隔熱或散熱」是免錢的，不必再支付電費使用空調或電熱器調整溫度；也比太陽能面板吸收太陽能之後、轉換成電力，再把電力傳到電熱器來得有效率。

被動式設計的應用，是在新蓋或改造房子的過程中，針對基地的氣候與環境狀況，用設計手法來決定新房子座向與配置、調整老房子空間配置及局部結構體，以最低的成本及污染，創造最大值的舒適度。本書中台東王宅及台中龍井紀宅都有十分精彩的構思。

3. 老屋結構補強

地震還是不能小覷，超過六十歲以上的三合院、古厝，很多都是純磚造，在沒有地基跟樑柱系統的狀況下，要怎麼補強也是屋主所面臨到的問題之一，書中雲林永和堂便是一例。

4. 舊料再利用

老房子的木料品質種類通常都很不錯，拆下來之後，當然不能直接再用，必須檢查蛀蝕程度或堅固性，經過處理之後就可以再利用，省下不少錢。有些舊料則利用於裝飾或基本機能，例如台東文軒用紡織廠的舊桁架來增建二、三樓；高雄孟曲拿木梯子來當書架；花蓮阿敏拿洗衣機內槽來當吊燈。

5. 以裝置取代裝潢

當老公寓格局還算 OK，屋主本身也不太傾向裝潢時，用裝置的方式搭配局部的小裝潢、甚至完全沒有裝潢，讓家裡更有屋主自我的個性。例如台北朝宇僅靠收藏的家具、收納櫃及燈具，不但滿足生活的需求，也讓自己的家超有個性；台北雅蘭則因為裝潢報價太高，決定自己 DIY 木作，書架、餐桌、收納櫃、椅子等都自己做，只花費木頭材料錢，空間也變得有質感。

6. 原貌修復與延緩老化

修復與改造的不同之處，在於修復要恢復成原本的樣子，而改造則保留房子本體，內裝則依之後需求而調整。這種狀況通常發生在留有字畫或雕刻作品的古早厝，後代子孫捨不得拆掉或改造，基於某種紀念或文化價值想要予以保存。本書中的歐家古厝便是一例。

透過書中多樣的案例，我也整理出許多值得學習、或是很有趣的施工過程，通常都是從上百張的照片中慢慢挑出來（歐家古厝則有上千張），因為我覺得有時候完工後的房子，很難只靠完工照片及文字敘述就知道它的原理或改造的關鍵手法，像是台東王聖銘家裡的屋頂，如果沒有展示出他的 C 型鋼打孔，就很難理解屋脊為什麼既可通風、又不用怕雨水滲進來了。

另外，因為突然很想自己動手畫畫看，這次的房子幾乎都附上手繪圖，有的是平面或剖面示意圖、有的則是針對比較精彩的細部來畫，原本以為應該很輕鬆，卻發現要時時對照圖片、確定當時的空間感無誤，每畫完一張平面示意圖，差不多就花上一、兩個小時了。不過也是一大收穫，因為透過手繪，我可以更清楚瞭解房子的每個角落、房子與周邊環境的關係等等。畫得不夠專業，還請多多包涵囉！

說到圖，要感謝出版社總編輯席芬和負責設計的心梅，這次老房子的改造，施工圖超級多，還有手繪圖、改造前後圖等，要把整體調整到好閱讀真不容易啊！

我要謝謝書中每一位屋主、朋友、專家（有的是屋主兼專家），藉由您們的詳細解說與分享，讓我得以記錄下老房子改造的過程與故事。

我要謝謝阿湯、佳錡、Nancy惠敏、小林仔、香、橘園Joyce、Rino、明堅、政剛及敏慧，謝謝您們熱情推薦一些老房子給我，阿湯成了我的南區狗仔、政剛則有成為線民之姿。

我要謝謝老爸老媽和老妹，幫我照顧歐花花，雖然截稿前一個月不用花時間帶牠去散步，但我還是常常忙裡偷閒耶！（說到這，不得不炫耀曾經寫稿到凌晨六點，緊接著到宜蘭泛舟、爬山的英勇事蹟。還有，只睡了五個小時就起床，就為了看首日上映的《魔境夢遊》。）

還要感謝現在坐在我旁邊看卡通的老公陳國隆，在您嚴格的督促之下，現在演變成你在旁邊時我會乖乖寫稿、你上班時我會想要摸魚的窘境，希望日後稍微調整一下獎懲制度，不要只有罰沒有賞。

最後，這本書要獻給阿公阿嬤，您們是我心中最美麗最親愛的老房子！

林黛羚

Part I

換裝，讓房子深呼吸！

HOUSE DATA

阿賢的家

屋齡	30 年
地坪	20 坪
建坪	60 坪
格局	1F 戶外人行磚走道、前院、玄關（小天井）、會客室、廁所；2F 客廳、架高工作區、小餐廳、廁所、大天井；3F 客房、浴室、起居室
結構	（舊）加強磚造、（新）鋼骨及 RC

SHIH 2009（母親的家）

屋齡	30 年
建坪	18 坪
格局	2F 大露台、神明廳、多功能空間、大衛浴
結構	磚造、鋼構及 RC 混合形式

[台南縣 ▸ 透天厝]

結構技師之
愛的結構遊戲

在台南大馬路旁緊臨的兩間房子，一間是阿賢自宅、一間是母親的家，兩間房子都由阿賢先後改造。第一間改造是出於結構技師對結構的熱愛，邊玩邊改的成就感；第二間改造則是突然火燒厝，而且必須在三週內就改造完成，不論是在空間、時間與結構體上，完全是兩個截然不同的經驗！

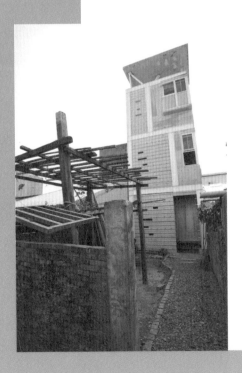

FAMILY STORY

屋主：施忠賢（阿賢）
現任結構技師，曾任國定古蹟原台南州廳修復工程專案經
理，專長古蹟歷史建築結構調查研究與修復補強設計，喜歡
研究各式建築形式。
email / just.shih@msa.hinet.net
blog / home.shih.com.tw

取材時 2009 年 12 月
結婚搬離老家：1993 年 1 月
老大 Joyce 出生：1994 年 10 月
老二出生：1997 年 12 月
買下母親家隔壁三十年老房子：1999 年 6 月
全家共同討論的設計階段：2007 年 5 ～ 12 月
老房子拆除原有門面及南向樓板：2007 年 6 月 24 日
安裝鋼骨結構、屋頂面板：2007 年 10 月 8 日
鋪 deck、三階段灌漿、拆模：2007 年 11 月～ 2008 年 1 月
室內工程：2008 年 2 ～ 5 月
完工：2008 年 6 月
母親家二樓火燒厝：2008 年 12 月
拆除局部鋼構補強、灌漿：2009 年 1 月
母親家二次入厝：2009 年 5 月

 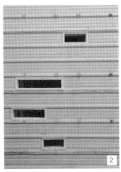 

1 _ 一樓右邊的柱子是工班裝錯邊的剪力釘，阿賢將錯就錯，把它留下，當裝飾也可以掛東西。

2 _ 一樓表面的凹凸感，是灌漿前，先將 PC 浪板固定在模板裡面，再用螺栓扣緊牆的兩面，等拆模之後就會產生這種立體感。

3 _ 從大馬路上看兩間房子，左邊第一棟是母親的房子，前方做為母親的雜貨店面；左二則是阿賢的家，靠馬路部分出租做為小吃店用途，而圖中看到的二樓就是阿賢改造後的陽台。

透過朋友輾轉介紹得知阿賢的部落格，當時看到他在外牆上的塗鴉「SHIH 2009」的照片就煞到了，後來阿賢把改造過程相簿寄來，我得到的第一印象是——他的人緣超級地好！改造過程中，學弟妹、學長、前同事、親朋好友在不同階段來看厝，有的甚至親自參與工程。到他家訪問時，進門他就一一介紹牆上掛著兩個女兒的創作作品、全家人幫他慶生時女兒親臉頰的照片，深深感受到阿賢十分珍惜人與人之間的聯繫。

就近照應母親，買下老家隔壁的房子

那天，我們沿著大馬路找門牌號碼，卻老是找不到，原來阿賢家的正門是位於建築體的另外一側，須右轉進小路才能抵達，朝向大馬路的一面出租給人營業用，活動空間與自宅完全隔離。

從小路看過去，見到牆上的 logo「SHIH 2009」，就知道抵達目的地了！這間是阿賢的老家，他從兩歲起就住這裡，現在是母親一人使用。一樓是母親用來經營雜貨店的空間、二樓原本是阿賢小時候全家睡覺、讀書，以及放置神明廳的地方。

老家隔壁，則是阿賢十年前跟鄰居買下的老房子，當時一聽到鄰居要出售的風聲，就趕緊買下來，以便日後可以就近和母親相互照應。閒置多年後，決定奮發好好改造一番。最想改之處是北向的門面，它當初被預設成房子的「背面」，一扇紗門、一道小窗，

銜接著也是頹圮磚牆的後院。阿賢想要把「正門入口意象」營造出來，亂糟糟的後院也要改成可看性高的「前院」，於是決定拆除整面牆，玩玩自己的「結構」強項！

巧妙蓋出「不平衡的平衡」的結構美

以鋼骨做為結構體，經過嚴密計算，讓一、二、三樓的北向鋼柱位置都不同（立面上的白色鋼柱），設計出具有「結構之美」的門面；再者，為了不想讓對外門面看起來太安靜、又不想貼磚或上漆，便嘗試使用 PC 浪板固定在模板上，灌漿、拆模之後，表面呈現精緻的凹凸質感，在陽光下又多了陰影與立體感，著實好看，目前國內應該還沒有

人這樣玩吧！

走進玄關後會不自覺地朝光束上方看，原來這是一個小天井，往上一看視線直達頂樓，看到的是另外一個結構藝術作品——以三個點支撐一片重達六公噸的混凝土面板，讓人不禁擔心，這麼重的東西，不怕掉下來嗎？傾斜的支撐柱，不會歪掉嗎？「我是結構技師，我當然有計算過啊！」阿賢開始解釋它的結構原理，雖然我大學時修過二堂結構學課程，但已經失憶聽不太懂了，只知道在那片混凝土面板裡面，已經預埋一個三角形角鋼，當支撐柱與面板鉸接在一起時，三個點其實是一體的。除此之外，基座鋼樑的四周也有四根「火打樑」*相互平衡拉扯，不但造型特殊，也達到安全防震的效果。

* 火打樑：日文用法，即水平角隅斜撐，常見於西式
木屋架水平樑之兩端或角隅處，有穩定平面功能。

1 _ 兩間房子改造前的模樣。高的那間是阿賢跟鄰居買下的
厝，打算把看起來十足「背面感」的房子改造成「正面」；
臨街那間較矮的長形街屋前端，是後來蓋的石棉瓦片＋
鐵皮，後來發生火災燒毀了。圖中的電線桿雖然沒架電
線，但已經有時間情感，日後會被保留下來。

2 _ 一樓舊有的門很小一扇，而且還被棚架遮住，所以沒辦
法將一、二樓同時拍入鏡頭，樓上的窗戶也很小。

3 _ 一進門之後就會被導引、不自覺地抬頭往上看，頂部是
結構作品第二號。

4 _ 從玄關進來的會客室，掛滿女兒的畫作，桌椅都是阿賢
撿廢材自行 DIY 製作而成。左側的白牆是老屋原有的牆
面、右邊的清水模是新的。

5 _ 清水模牆面特有的排法「橫一上二」，是阿賢特別排出
來的 code。

6 _ 二樓的廁所重新鋪地磚，天花板也安裝排風扇，洗手檯
面是阿賢相當滿意的設計。

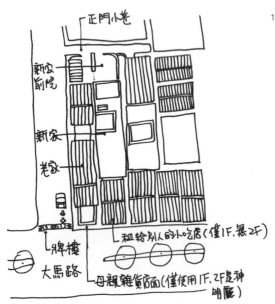

正門小巷

新家
前院

新家

老家

牌樓
大馬路

租給別人的小吃店（僅1F,無2F）

母親雜貨店面（僅使用1F,2F是神明廳）

母子世代屋關係圖·周邊關係圖

1_二樓廚房很小，只供輕食使用，主要用餐空間還是在隔壁老家。右邊的天井就是從玄關往上看的同一個空間，平時可以打開窗戶，成為房屋裡的通風塔。

陽光順著結構搖曳而下

除門面外，老房子本身結構改得不多，樓梯就保留原本的樣子，只在轉折處多開一道大窗，增加樓梯間採光。另外把二、三樓局部打通，使得二樓客廳區直接挑高到三樓，陽光透過挑高的落地窗照映在牆上，滿溢明亮讓人心情好。可能因為小時候住在長形街屋裡實在太暗了，很渴望有明亮的住家。「我把牆面都塗成白色，覺得這樣看起來更明亮。當初媽媽其實很反對，覺得白色不常見，但等完工之後，大家又覺得還滿舒服的。我在思考空間時，是從建築的角度與實用的角度來看，採光對我而言很重要，不想要過多的裝潢，因為感覺會太假。」阿賢說。

由於鋼骨新建的室內部分，從一樓到三樓內牆幾乎都是清水模，猜想阿賢應該很欣賞安藤忠雄，果不其然，阿賢開始娓娓道來安藤從拳擊手、跨過歐亞要拜柯比意為師、到成為國際超夯建築師的奇幻旅程。不過，我們仍理性地下了結論，就是安藤的空間比較適合大型公共空間，做為真實生活的住宅空間，就要看屋主接受度了。

老中帶新、新中帶舊，母子相繫

好不容易把自宅改造完成，同一年，也就是2008年底，隔壁老家的神明廳竟發生大火，幾乎把二樓燒光了！所幸無人受傷。「我年少時蒐集的整套集郵冊、還有求學時代的

1

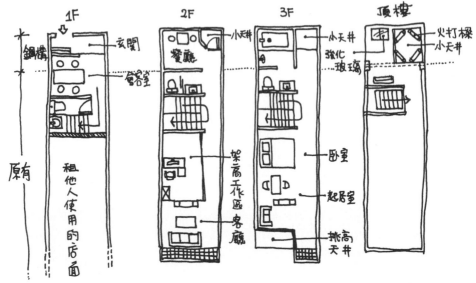

阿賢家樓層配置示意圖
（子也代屋）

書本物品就這樣消失了。」阿賢苦笑說。母親則時刻惦記著沒有辦法祭拜神明，急著找工人修復二樓，阿賢聽到後，一方面趕快遊說母親，一定要先畫設計圖，不可隨便搭鐵皮屋；另一方面，趕快跟鐵工廠協調拿圖再依圖加工。還好工人瞭解阿賢的實力，願意等阿賢把圖畫好再加工施作。就在媽媽每天關心畫圖進度的壓力下，相信縱使鐵皮屋也可以設計細部的阿賢，終於在媽媽看好的日子前，把媽媽的鐵皮屋設計完成，如期開工。

他們將二樓兩側燒焦的部分磚牆打掉，用鋼骨搭配輕鋼構，架構出原本的屋頂造型，不過屋頂前後兩坡屋面卻刻意讓它產生高差，讓採光得以進去。骨架架好之後，再以速固

1_ 從二樓的小天井往下看玄關的鞋子，就知道誰回來了。

2_ 三樓的天井沒有玻璃帷幕，是開放式的半戶外空間，既通風又可看風景，是客人來吸菸、聊天的角落。上方的火打樑將四邊鋼樑扣緊，達到防震效果，也可以控制頂樓三個支撐點所產生的可能拉力。

3_ 原本老屋二樓的狀況，窗戶小，光線進來有限。

4_ 從東側看阿賢家，可以明顯看出新的鋼構、面板與原本建築體之間的關係。

5_ 老屋二樓空間改造成客廳、架高的工作區，客廳直接挑高到三樓，採光特別明亮。高架木地板以回收清水木模板打底。

改造現場

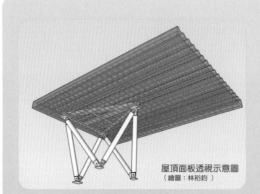

屋頂面板透視示意圖
（繪圖：林裕鈞）

屋頂面板

裝在頂樓的屋頂面板，表面利用 PC 浪板營造凹凸感。面板是先在平地用混凝土澆灌而成，等乾了之後再用吊車吊到頂樓。面板已經預埋三角形角鋼，以便扣住立體桁架的三個著力點。

1 先用模板、鋼筋圍出面板面積，並將三角形角鋼置中、PC 浪板置底，接著灌漿。

2 全家人把手印到面板上之後幾天，混凝土已經乾了，鋼架桿件先假安裝測試準確度。

3 將鋼架桿件解開，準備翻面。

4 用來塑造凹凸面的波浪板邊緣被乾掉的泥漿黏住，必須花點時間剷掉、掃乾淨，街坊鄰居都跑來看熱鬧。

5 吊車將面板抬升到比人高些的高度，眾人努力將鋼架桿件重新鎖住。

6 面板安全抵達鋼骨結構上方。

7 固定接著點，或者將內縮的著力點漸漸向外調整。

8 為了安全起見，工班自行在懸空的那個點上暫時設 C 型鋼安全柱。

9 遠看還在進行工程中的骨架和面板。

改造現場

鋼骨門面

屋主詢問了四家，
終於找到願意承接
的鐵工廠，此鋼骨
結構將與原建築體
相接，骨架要先在
工廠焊接組好，到
現場只要跟地基相
接即可完成。

1 鋼骨結構骨架先在工廠中焊接好再運出來。

2 事先算好高度低於路口的牌樓。

3 吊車也上場了。

4 將粗糙、容易造成生鏽的部分裁切斷面後再磨平。

5 將鋼骨架緩緩立直。

6 骨架正朝房子未來門面處下降。

7 尺寸算得剛剛好，每層樓都有人輔助下降。

8 努力調整到基腳和地樑基礎螺栓對齊。（四邊地樑是先灌漿預埋完成的。）

9 編號「西3」的基腳高度須要微調。

10 調好之後測量垂直度，鐵工也覺得很有成就感。

牆施工法加速工程，約一個月後就如期完成。
為了串起老家與新家的關係，阿賢在二樓外
牆故意噴上洗石子質感的彩岩漆、下方上白
色外牆漆，從路邊望去，可以感受到這兩間
房子之間的默契，而如街頭塗鴉效果般的
「SHIH 2009」字樣，則像是封存過往記憶般
的密碼，輕盈明亮地停留在每一個經過的路
人心中。

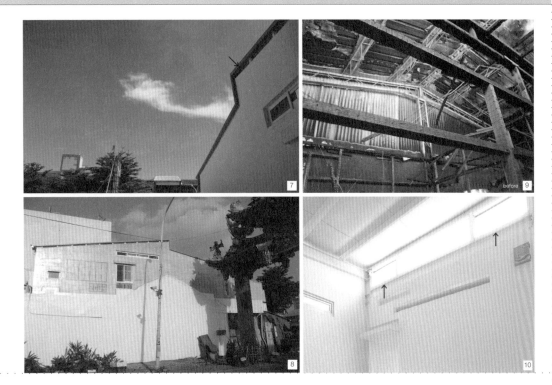

1_ 用三個支撐點且集中於一側，卻可以撐起整面混凝土屋頂面板。斜撐支架及端點都由阿賢自行設計、打模而成，也是阿賢的結構代表作。

2_ 混凝土面板在乾掉之前，請家人來印手印，日後大家回來就可以找自己的手印，頗有創意及紀念的價值。

3_ 三樓朝南側開窗整個挑高，讓阿賢所渴望的陽光可以大量進來。

4_ 在二樓與三樓之間開了一個小天井，讓光線可以進來更多。

5_ 原本的樓梯還很堅固，梯面是當年流行的花蓮大理石，只是光線暗了些，於是在高處再開一道橫向窗。

6_ 三樓臥房朝南一側開窗整個挑高，讓阿賢所渴望的陽光可以大量進來。

7_ 新的屋面與牆頂之間，刻意留一道細縫，可以讓光線進入更多。目前安裝了玻璃，屋主阿賢表示也考慮裝上紗網，讓熱空氣可以從上面的細縫流出。

8_ 母親家二樓被大火燒過後的重建，阿賢刻意將最早期還沒蓋二樓時的鄰居屋頂輪廓保留下來並漆上白漆。新的部分是灰色的、舊的部分是白色的，和阿賢自宅相互呼應。

9_ 火災後狀況。二樓結構體幾乎都燒毀、連同屋頂也毀了，僅地板、廁所和兩張椅子倖存。

10_ 牆面上方的採光，來自於前後斜屋頂交接處刻意安排的高差，兩側是電動小窗，方便依照天氣調整。

建築小辭典

速固牆工法

又稱為鋼網牆，以鐵網代替模板，在兩片鋼網之間灌混凝土，混凝土凝固之後，無須等待拆模，就可以直接在鐵網牆外層做外壁粉刷等步驟，適合短時間內須趕完工的工程。不過此工法有一定難度，表面容易漏出水泥漿。

在沒燒壞的磚牆上面再接速固牆，架設鋼網及灌漿時，容易有水泥漿流出表面。

突出牆面的 H 型鋼柱

一般 H 型鋼柱設置的方向，通常只考慮格局好用，大都是埋在牆裡面、與磚牆齊平。不過阿賢在設計時考慮到了實際的結構系統，以阿賢媽媽家來說，東西向較短，除背牆外幾乎全為大開口；而南北向比較長，有厚實磚牆，因此東西向耐震能力較差，應強化東西向的結構耐震能力。因此，H 型鋼柱擺設應使其在東西向有較大的剛度，這樣一來，H 型鋼的部分腹板及翼板就會突出牆面，這完全是結構耐震的考量，當然如此結構外露表現性強，反而創造了結構上的美感。

阿賢家是東西短、開口多；南北長、有隔戶牆，遇到東西向的地震搖晃比較容易損害結構體，因此 H 型鋼長向的一側須與東西向平行。

因為朝東西向的關係，H 型鋼為達到抗震效果，會比牆壁突出一些，如圖中右側。

▶▶ 改造預算表——自宅

工程名稱	費用（元）	費用%
拆除、施工架及雜項	183,000	8%
鋼構	377,000	16%
鋼筋、模板及混凝土	501,000	21%
泥作	142,000	6%
地磚	120,000	5%
水電	484,000	21%
鋁窗、不鏽鋼及玻璃	281,000	12%
木作及家具	157,000	7%
油漆及防水	96,000	4%
合計	2,341,000	100%

▶▶ 改造預算表——母親家

工程名稱	費用（元）	費用%
拆除、施工架及雜項	30,000	5%
鋼構及速固牆	265,000	43%
泥作	109,000	18%
水電	65,000	10%
鋁窗	74,000	12%
油漆	77,000	12%
合計	620,000	100%

水電：榮祥／李金山
隨叫隨到的水電工。
連絡：0910-820-005、06-234-2636

和成衛浴：東淇／謝晴文
品質佳、物超所值。
連絡：0932-999-802、06-299-0616

泥作：李春景
專業砌磚工。
連絡：0910-832-985

泥作：嘉信／李文生
增建、新建、改造都可配合，重視品質、
尊重業主。
連絡：0932-829-062、06-230-2595

▶▶ 自家工班推薦

營造廠：正臺壹工程／鄭應福
專業、誠信、實在的台南老字號營造廠。
連絡：0933-676-153、06-268-0431

鋼筋廠：旺懋／鄭正德
價格合理、供料快速的鋼筋加工廠。
連絡：0936-841-991、06-239-9383

模板：辰星／許水陸
可接受各式各樣的特殊模板施工挑戰。
連絡：0933-334-687、06-256-1450

混凝土：國產／黃建彬
國產的高性能混凝土很好用。
連絡：0987-023-787、06-253-7306

鐵工廠：文勝／鄭文勝
難度再高也難不倒的鐵工廠。
連絡：0910-794-953、06-205-2345

鐵工廠：秋銅／蔡秋和
價格實在又有人情味的鐵工廠。
連絡：0910-735-549

不銹鋼：冠美金屬／羅育成
防火門、鋼玻璃門、檯面、欄杆等設計、
加工及施工品質都很高。
連絡：0937-495-445、06-231-5007

玻璃：吉興（吉品）／陳麗華
專業誠信的玻璃行，不怕麻煩，五金齊全，
配合度高。
連絡：0933-355-291、06-282-0782

木門：七樹／郭文宏
木門種類齊全、加工快速、好配合。
連絡：0937-572-282、06-230-7905

防水：開裕／陳志和
防水及裂縫補強、經驗豐富，專長彩岩漆、
碳纖維補強。
連絡：0935-416-912、06-298-9161

速固牆：正程／詹清波
價格公道、施工快。
連絡：0956-989-888、05-233-9060

HOUSE DATA

木老火	
屋齡	5 年
地坪	50 坪
建坪	30 坪
格局	前院、玄關、禪坐及書法、會客複合式空間、泡腳區、中段庭院、倉庫
結構	輕鋼構＋木構

[台南市▸連棟透天]

悄然蛻變、入世獨立的房子

人與房子，維持著巧妙的平衡。就像蹺蹺板的兩端，當房子「很大聲」的時候，人也許會變得拘謹迷惘；當房子如湖水般靜中帶澈時，人就像優游其中的魚，自在滿足。

FAMILY STORY

屋主：章靈
從事園藝、庭院造景、手工家具、木屋承建等，不擅言語，
卻以「園藝」為媒介，傳遞自己對生命的熱誠給周遭的人。
地址：台南市文平路 242 號

取材時 2009 年 12 月：40 歲
買下馬路旁的土地：2004 年 10 月
房子第一次蓋好：2005 年 1 月
室內外陸續以舊料改造十次：2006 年

1 _ 走上前廊之後往內看。窗戶右側的透氣遮陽板，用風乾的細竹自行拼接而成，透過投射燈產生自然的光影。章靈擅長將竹與木搭配得恰到好處。

2 _ 進門後往回看玄關。刻意將投射燈光照在老樑柱的紋理上，讓「時間」來裝飾這個空間。

　　這間房子難不成是個心理醫生？有人進來後，把憋了幾年的苦悶傾瀉出來，逕自哭了。或者，初次見面的訪客就把內心深處的祕密講給屋主章靈聽。或者，像我，開始覺察起自己在這間房子裡有點笨拙的一舉一動。

從警察、出家、打工到園藝造景

　　章靈，從小沒父母，和爺爺住在親戚家，寄人籬下看人臉色。出社會後當警察，由於是基層員警，常須面對各種社會突發狀況，七年後決定辭職。二十九歲剃度出家到深山修行，七年後又還俗。「當時出家，多少跟小時孤兒身分有關，覺得內心深處有個疙瘩始終無法釋然，透過接觸佛學與靜心，希望將它化解開來。但後來發現遇到某些狀況時，它還是會浮現。我體會到深山修行只是一種逃避，只有入世紅塵直接面對，才是真正修行。」還俗後，他做了各式各樣的工作，諸如端菜、送報、清潔人員……除了餬口之外，也是想體驗各種「角色」的心境。就這樣過了兩、三年，一次機緣下，合作的室內設計公司讓他小試身手，負責園藝造景，結果花心思完成的日式庭園情境讓設計公司十分驚喜，從此展開長期合作，至今也將近八年了。

人與房子　大隱隱於市

　　章靈現在以在世修行方式將生活與工作結合，他認為只要樂在工作就不需另外安排

渡假。在世修行的心態也表現在房子上，不同於同一排其他連棟透天緊臨馬路而蓋，章靈的房子往後退縮約十公尺，屋前又種了幾棵樹半遮面，當時開車到來還錯過兩次才發現它。「我故意不跟馬路靠太近，有庭院緩衝，前院種樹又可以吸引鳥兒。我刻意在樹旁開扇大窗，在這裡觀看吃果子的鳥，我看得到牠們、牠們看不到我。」這間房子的氣質跟章靈相近，大隱隱於市，安靜、親切、暖意，以及坦蕩蕩的如是。也許正因為這樣的特質讓訪客更容易卸下心防、侃侃而談吧。

四年內改造近十次

這房子像一面鏡子，反映著章靈的心境，這也是為什麼會在完工之後，至今四年內又改了十次的原因之一。不是不完美，只是想換個心境。一開始我們聊天的長桌區域是架高地板，後來拆掉，變成與其他區塊等高。至於前面的庭院也改了數次，地形、樹種、草皮，常因興致來了就決定大改或小修。甚至房子前方又加蓋了木構造前廊。「也許妳下次來它又變了。」不管怎麼改，還是有幾項不變通則——不貼皮、不上漆，材質以老枕木、老房子樑柱以及竹材為主。他喜歡最原本的觸感，沒有上漆可以讓材質氣味滲入空間。我才剛踏入屋內，就聞到淡淡的原木香氣，搭配著四處擺放的白柚香，給人一股溫潤之感。

房子雖是四年前才搭好雛形，卻因為使

章墅房子與周邊關係示意圖

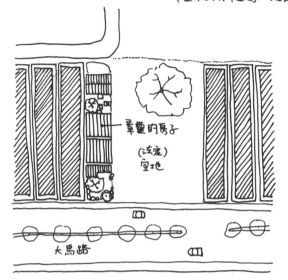

章墅的房子

(法定)
空地

大馬路

1＿ 從玄關進來之後的等候區，客人可以先在此等候、閱讀旁邊的書籍。牆上為同鄉友人的畫作。

2＿ 房子一側用竹材搭出小閣樓，營造出類似兒時住家的空間。

3＿ 從房子後方往前看，用投射燈當作空間照明，由於屋頂夠高也沒搭平頂天花板，在裡面並不會被直射到。沿著屋頂斜度以木條修飾天花板。右前方的泡腳區還配有水龍頭，轉開熱水就可以直接泡腳。

用的都是老木、二手門窗、舊料,加上隨性地改造局部與外觀,讓人以為它是一位年長的日本紳士。「我用了許多老木頭,希望來訪者不會只注意到我使用的木料珍貴與否,而是時間在老木頭上留下的痕跡、觸感,以及這個空間的整體感受。」房子裡有好幾處可以靜心、禪坐,也因為都是觸感舒適的榻榻米或竹蓆,甚至可以席地而睡,「對我而言,臥房不必有固定的空間,這房子哪裡都好睡,夏天睡竹地板、冬天睡榻榻米。」

神奇的是,雖然往外看得到馬路,但在房子裡,舒適自在中也充滿著「靜」的力量,沒人講話的時候,還聽得到呼吸聲、翻書聲,還有肚子的咕嚕聲。(當時已是傍晚七點啦,囧～)「不論空間或心境,只要靜就會定,只要定就會感到喜悅。狂喜之後的情緒通常是空虛,喜悅則是一種清明長久的狀態,是滿足。」

Green Point

堅持不貼皮、
不上漆、
使用舊料的
環保裝修

材質以老枕木、舊屋回收樑柱以及竹材為
主，配搭二手門窗、廢棄舊料，同時不貼
皮讓原木材質與空氣直接接觸；不上漆，
讓材質氣味滲入空間，都給人溫潤之感。

書房與禪坐區、禪坐區與玄關之間，做為
空間區隔並稍微遮掩的小屏風，其實是早
期的竹片門，中間開個孔稍微收邊就成了
屏風。另外，閱讀區中的燈都是二手燈具，
幾百元就能入手。

1_ 優雅的禮佛區，右聯寫著「慈悲即是觀世
音」，與整體空間超搭，絲毫不顯突兀。

2_ 清晨、傍晚在此區禪坐，偶有鳥兒在樹梢陪
伴。雖然這區離馬路不遠，不過因為轉個 90
度朝向空地，並不會受到干擾。右側的小屏
風由日式拉門改成。

▶▶ 改造預算表

工程名稱	費用（元）	費用%
鋼骨結構	400,000	26%
木作工程	150,000	10%
家具	600,000	39%
庭園	300,000	19%
水電、衛浴	100,000	6%
合計	1,550,000	100%

HOUSE DATA

White Mask House

屋齡	30 年
地坪	17 坪
建坪	50 坪
格局	1F 騎樓、客廳、廁所、廚房、防火巷;2F 主臥、衛浴、更衣室;3F 孩子房 ×2、衛浴、小閣樓 ×2
結構	加強磚造

[台南縣玉井鄉 ▸ 連棟透天]

擺脫老透天的辛酸格局

趁著改造三十歲老透天的同時,將自己年老行動不便的需求一併考慮進去,讓一樓可以滿足老後全部的活動需求;同時透過此次透天改造也可以得知,不一定非拉皮不可,也不一定非得全部重新裝潢不可。保留部分舊有的,局部更新、以新的保護舊的,不但可以節省經費,又不至於有老房子「瞬間消失」的悵然感!

FAMILY STORY

屋主：東太太
個性隨和、健談、親切的餐廳老闆娘，喜歡綠意與休閒美感
的空間，於台南玉井山區經營「綠色空間」餐廳，至今已十
多年。

取材時 2010 年 1 月：東太太 53 歲、女兒 27 歲、
兒子 28 歲
買下房屋：2009 年 5 月
拆除工程：2009 年 7 月
衛浴工程、局部泥作：2009 年 8 月 15 日～ 9 月 23 日
廚房改造：2009 年 7 月 21 日～ 11 月 12 日
全室木作工程：2009 年 11 月 3 日～ 2010 年 1 月 9 日
家具軟體進駐、完工：2010 年 1 月 19 日

1_ 老透天原本的樣子，就跟左右兩棟無異，只是陽台加裝玻璃窗。

2_ 透空的白色格柵裡面由 C 型鋼當骨架，空調排水管也可以藏在裡面。

　　在國內，除了台北、台中、高雄三個大都市外，其他都市或鄉鎮市區的人，應該都是在連棟透天長大的孩子吧？我的老家、外公家都是傳統連棟透天，所以看著東太太家改造的過程，實在很有感覺！

　　當我們來到巷口時，我就忍不住想笑了，因為東太太的透天外觀實在太可愛了！頭一次看到有人這樣處理透天，通常都是換磁磚、上漆拉皮、或者弄得很低調，而東太太的家是架上南方松之後再上白漆，有一種清爽的日本小房子的親切感。「這樣比較不用花大錢整面換裝，而且以後我還會種藤蔓植物讓它攀爬，這樣一根一根的，也方便掛蛇木、垂吊性的植物。」東太太解釋說。

買下隔壁的隔壁　格局相同的老透天

　　二十多年前就搬到台南縣玉井鄉住進連棟透天的東太太，用幾十年的積蓄，買下隔壁的隔壁、也就是鄰居的房子，打算好好整修，不但可讓兩個孩子有自己的空間，日後也可做為養老的地方。「為什麼要買格局一模一樣、同一排連棟透天呢？這樣就改自己的房子就好了呀？」我問。

告別幽暗廚房與浴室

　　「已經很習慣這邊的環境和鄰居了，老了不想再適應新的環境，之所以會買下隔壁的隔壁，是因為他們後面是空地，不像我們

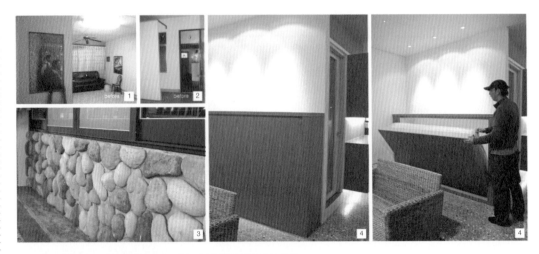

1＿一樓的屋頂頗高，前任屋主也加裝了辦公空間常用的輕鋼架天花板。

2＿客廳與樓梯之間原本還有一個隔間，廁所就在這個隔間區域裡。

3＿ 騎樓的門面僅更換原本的鋁門窗，四周的磁磚仍保留住。
　　設計師阿德自行設計訂做的大門，高度拉到與窗戶齊，
　　而窗戶下方是用各種天然色的石頭拼貼而成。

4＿ 阿德在此設計收納式單人床，以便東太太老後不能走到
　　二樓時可以使用。

5＿ 一樓原本只有廁所，而且是位於樓梯下方，水龍頭位置
　　過低。

6＿ 原有的馬桶位置移到外側增設的空間，這個空間改為淋
　　浴區，貼上磁磚成一個矮平台，可倚靠或置放沐浴用品。

7＿ 衛浴門口與樓梯之間，新增一個收納櫃，做為客廳與老
　　後在一樓洗澡時會用到的衛生用品收納處。

8＿ 新增的衛浴空間規劃為洗手檯及馬桶，地板選用防滑磁
　　磚，門旁的收納櫃可以收納浴巾及衛生用品。

9＿ 為了方便老的時候可能會輪椅進出，乾溼兩區並沒有門
　　檻隔開，所以排水坡度以淋浴區為最低點。與樓梯之間
　　局部使用霧面玻璃，可以帶進一些廚房的採光。

10＿ 其實廚房平面面積並沒有變，但經過動線與廚具的配置
　　後，空間被有效利用，加上阿德設計後請工班製作的餐
　　桌，橫擺或直擺皆可，孩子們要邀同學來家裡開 party 也
　　不成問題。

原本的房子後面是別人家房屋背面。有了那片空地，可以讓廚房的採光亮很多、而且更通風。」東太太原本的廚房很矮很暗，有一間明亮的廚房是她這次買房子最大心願之一。

住早期連棟透天另外一個甘苦，就是一、二樓廁所通常位於樓梯下方，又小又矮，洗澡總要駝著背、縮著身子，才不會碰到冰冷的牆壁。「我希望能把兩間廁所都改成正常高度，二樓的主衛浴還要能夠泡澡。」

為東太太進行老透天改造的，是同時幫她設計玉井虎頭山上休閒餐廳的陳恥德設計師，他曾多次參與藝術創作與裝置藝術展覽，對空間的思考方式有獨到之處。阿德在台南藝術大學唸書時，東太太是學校餐廳老闆娘，後來在山上經營休閒餐廳找他幫忙設計、裝置，從此就展開一連串的合作。

從客廳穿過樓梯就進入需要大量採光的廚房，將原有天花板依原來斜度整個往上拉高一公尺，並沿著屋簷開橫向窗，採光與空氣都進得來，白天不用再開燈了。不僅節能，廚房也因而變成沒有壓迫感的有趣空間。東太太與阿德討論後，選擇保留廚房牆面已經停產的立體磁磚，將地板原本沈重的深紅色換成淺色，整個廚房色系因此亮了起來。局部保存舊的、混搭新的，老房子過去的故事會持續被知曉，是居者對老房子致上的敬意。

老了之後要能在一樓長期居住

東太太也希望透過這次改造，將老後不

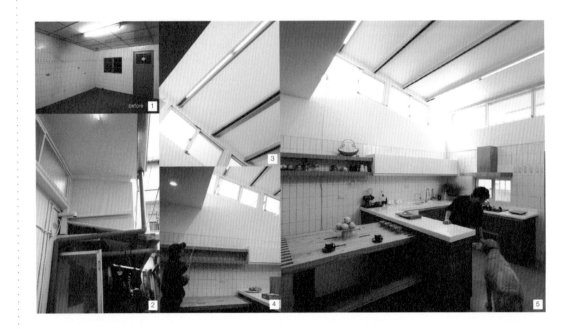

1＿ 舊有廚房跟我外婆家的廚房幾乎一樣，同樣款式的天花板，同樣白天都要開燈……

2＿ 從廚房外面的防火巷看，可以明顯比較出鄰居原本廚房的高度與東太太家窗戶拉高之後的差距。

3＿ 用以穩固天花板的角料之間，寬度設計成剛好可以容納T5燈管，使日光燈照明不至於太過突兀。

4＿ 高處的側窗可以用線來控制開窗程度，就跟窗簾一樣。

5＿ 從原本的高度斜向拉高1公尺～1.5公尺左右，沿著屋頂開斜向窗戶，可以讓大量光線進來，夏天時又有助於通風降溫。牆上精緻的老磁磚被保留，地板則換上新的磁磚。

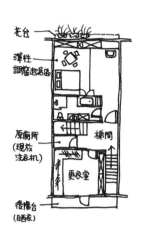

2F東太太主臥平面示意

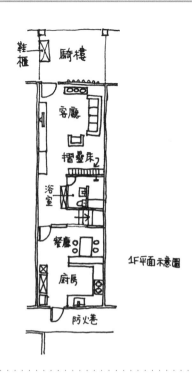

1F平面示意圖

便上樓梯的狀況考慮進去，「老了只能在一樓活動，因此一樓必須要方便行動、安全，同時擁有睡眠空間。」

　　一樓的門面，將原本傳統從中間開啟的四道移動式鋁門，改成只開右側的落地門，左邊則設計成窗戶，所有的門寬度都經過計算，方便通行。延續透天常見的配置，進去之後就是與鄰居家人聊天看電視的客廳。老房子的磨石子地板保存得還不錯，並沒有改鋪磁磚，我覺得這是很明智的決定，磨石子的工錢比鋪磁磚貴，表面材質變化豐富、不易發現毛髮、好清洗，搭配這個時期的家具，又有混搭的復古感。

　　將地板打蠟之後，搬進海草編織的沙發組，並用簡易角料釘成擺放電視的收納架，

然而原本天花板過高，視覺上會讓寬度變窄，因此用木作將天花板降低約四十公分，沿著大門一側的天花板直接延續到廚房。

擁有自己的單層大主臥

　　二樓原本隔成三間房，現在全部整合成東太太的臥室，有一個專屬的大浴室，另外一間小房間則改成更衣室。兩個孩子、還有愛犬則全部集中在三樓。那天剛好女兒在，我們在樓下門外時，她就很大方的在窗台與我們打招呼。來到她房間時，房間播放著獨立音樂，染著金色短髮、穿下巴環的她，正在幫家裡的狗縫毯子。雖說與東太太是母女，互動起來倒像是姊妹般隨性聊天，女兒的朋

友很多，於是運用閣樓靠近屋脊的空間，做為同學朋友過夜的角落。

接下來的改造現場單元，我們可以透過房子原始屋況及改造過程圖文說明，來瞭解老透天的改造。有些部分的裝潢也許可依照個人需求省略，此處是以滿足東太太個人的生活偏好及孩子們的需求為主，成功將老透天改造成老後亦可居住的新家！

1 _ 住過幾次渡假飯店後，東太太十分嚮往浴室窗戶打開與臥室相通的開放感，為避免溼氣跑進臥室，安裝了雙層木百葉。

2 _ 外推之後的空間變成小置物桌，運用木百葉可以調節光線及隱私。

3 _ 原本二樓中段也用木作隔出兩間房間。

4 _ 東太太的臥室，以和室空間概念搭配飯店等級的床墊。床墊可依照需求移動，空出喝茶閱讀的小空間。浴室窗戶打開就可與臥室相通。

5 _ 寬敞的單人浴室，還包含完整的衛浴用品收納櫃。

6 _ 二樓原本樓梯下的浴室改成洗衣間，主臥浴室可藉此做更大的發揮。

改造現場

房子外觀→幫房子戴上保護罩

東太太希望能將二、三樓的陽台都外推，（一般並不鼓勵陽台外推啦！）又有兩台外掛主機要遮醜，也考慮到風雨大的時候，雨水不要直接打在外牆上，導致室內滲水，所以結論是希望能夠有一個保護房子正面的設計。不能太貴、又要美化。最後，決定用C型鋼搭配防腐木料建構出房子的保護面罩。

1 C型鋼從二樓底到三樓屋頂，橫向C型鋼則沿著兩個女兒牆固定，都用焊接的方式。注意只能使用共用牆自己那部分的1/2，不能占用到鄰居的。

2 窗前花台從側邊延伸固定，低於女兒牆約15公分。

3 花台C型鋼除兩側外，也跟女兒牆等距離固定。此時一樓鋅板遮雨棚也架設上去。

4 兩側C型鋼用木角料修飾邊緣，改善C型鋼給人的僵硬感。二樓女兒牆架上兩台空調主機後，再於更外側以同樣質感的木角料遮住主機。窗戶花台切割成曲線造型。

5 整體造型第一階段完成，並架上鷹架準備整體上白漆。

改造現場

一樓：客廳→ 為「老後」 做準備

將原本的木作隔間拆除之後，全室再重新用防水漆粉刷一次。考量到老了之後，一樓會是主要的生活空間，所有的門寬度都要大於輪椅；把樓梯下面的狹窄廁所擴大成為可以洗澡的舒適衛浴，牆面與天花板再釘上一層合板，視覺與觸覺上更為溫馨。

1 將大門鋁窗與裡面的房中房拆掉後，露出老透天的原始格局，左側是樓梯下的廁所空間。

2 原有馬桶移走之後，後面的矮牆也一併拆除，以便追蹤糞管及水管的配置。

3 在未來馬桶的位置配置水管、馬桶糞管，糞管直接從樓梯下原本馬桶位置接出，因此只要局部開挖。

4 原本一樓沒有熱水，因此從樓上拉熱水管下來，在不傷及結構的狀況下，在樓板處開一個小洞，水管轉彎處在樓板下，減低壁癌產生的可能。

5 新增的衛浴，將地板及牆面貼上磁磚。

6 處理門面的泥作，用磚砌起一道及膝矮牆，再貼上多種顏色的卵石就完成了！

8 把大門裝上去，大功告成！

7 應東太太的要求，在天花板與牆面都鋪上讓她感到溫馨的木作。沿著門口的軸線，運用裁切的細木料拼貼出長廊的意象。

改造現場

廚房→ 天花板往上推 增進採光

跟多數透天一樣，廚房位於一樓末端，天花板及屋頂通常都是另外搭建出來的。也就是說，沒有二樓卡在上面，正因如此，垂直面多了彈性調整的空間，乾脆保留原本牆面、再將屋頂往上拉抬，拉抬出來的間距裝設玻璃窗。

1 廚房原始狀況。白天也要開燈，通風只靠一扇窗，容易產生異味。

2 鋁窗整個拆下後，開窗變大許多。窗口外斜放的灰色框架即為原鋁窗。窗戶上方可看到原有電線及水管配置。

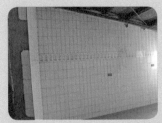

3 保留原本的牆面磁磚，但是將原本的紅色地板換成新的灰色防滑磁磚。

4 在原本牆面架上C型鋼，並安裝新的屋頂。此時木樑暫時留著直到C型鋼固定架好，確保兩側牆面不會歪斜。

5 木樑拆除，開始封天花板、安裝側面的玻璃窗。新的屋頂與牆面銜接處以及舊的痕跡都要妥善修補，以防日後漏水增加麻煩。

6 可以整平天花板並達到裝飾效果的角料，空隙之間預埋電線當燈槽，以便完工後直接安裝燈管。

改造現場

**二樓新增
大衛浴**

原本二樓只有一間浴室位於樓梯下面又矮又窄，東太太不想在接下來的二十年繼續忍受，決定另外在主臥旁增設一間衛浴，原本的浴室則變成洗衣間。

1 鋪設新的管線，左側放置浴缸、右側則是淋浴的蓮蓬頭，靠牆處是洗手檯及馬桶。

2 在浴室周圍搭起磚牆，並在水氣容易滲透的範圍塗上彈性水泥，待乾掉之後再貼上磁磚。

3 浴缸四周以淺米色洗石子修飾，泥作部分大致完工。

1 _ 很 man 的女兒房，牆面大片的留白可供日後塗鴉或掛上海報等創意發揮。

2 _ 由頂樓搭建、使用早期石棉瓦片及工法所搭建出的空間，從巷子窗戶往內看，水塔放在水泥頂樓上方。

3 _ 女兒房間保留原有屋頂的斜度，與衣櫃產生的高差又形成另外一個小空間，做為同學朋友過夜時使用。

4 _ 冷氣藏在衣櫃裡面，運作時可以將前方的小門片打開。

5 _ 原本沒有浴室的頂樓，也應女兒要求新增一間。

6 _ 頂樓原本唯一的房間，將天花板拆除後，沿著屋頂鋪新天花板，同樣創造出一處小閣樓。

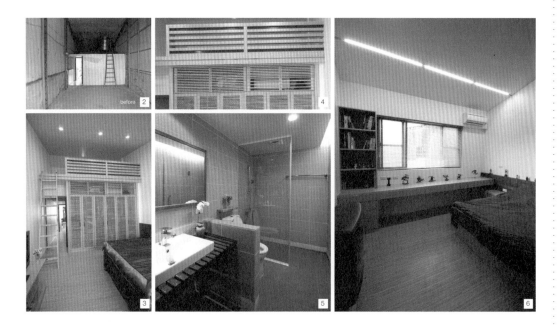

改造現場

三樓閣樓→
提升舒適度、
新增兩間臥室

原有閣樓的屋頂只用石棉瓦片及塑鋼搭建而成，不具有隔音、隔熱或保溫效果；而沿著水泥頂樓延伸出來的木作房間，夏天待在裡面簡直是汗水直流。而要在不拆除屋頂的前提下搭建兩間臥室，舒適度是最主要的考量。

1 先處理泥作部分，新增頂樓衛浴。

2 後段的木作全數拆除，並用磚塊將房間小開窗補上。

3 將四周的矮牆上了防水漆後，於矮牆上方鋪上玻璃棉，且四面牆都鋪。

4 屋頂部分的玻璃棉鋪得很密實，可以降低雨水低在屋頂上的噪音，也可以隔絕太陽直射的熱度。

5 靠近床頭的部分則連矮牆都鋪上玻璃棉。

6 釘上合板，現場製作衣櫃，小閣樓的樓板用合併C型鋼承重。衣櫃右上留出空調的排水管線。

改造現場

手感與木作混搭

整棟房屋的櫃子、窗戶、餐桌乃至於簡單的收納櫃，都是由設計師在現場製作。

1 這些細長的木料，都是要用來裝飾門片與窗口的素材。

2 先用鉛筆在邊框標下等距線條，挑上木料後，再用蚊子釘釘上。

3 鞋櫃擺在騎樓下，用水泥板當外框，櫃門片是用裁切的細板材拼接而成。

4 二樓更衣室、三樓衣櫃的櫃門，都是以較細的木料拼接而成，要另外挖出把手的洞，也需要極細的工。

5 二樓浴室與臥房之間的窗戶，細木料分內外兩層交錯，上漆後顏色較深。

▶▶ 改造預算表

工程名稱	費用（元）	費用 %
拆除工程	50,000	2%
泥作	150,000	6%
地磚	70,000	3%
水電及照明	180,000	7%
鋁窗	100,000	4%
木作及家具	1,100,000	44%
油漆	180,000	7%
玻璃	60,000	3%
衛浴設備	120,000	5%
窗簾壁紙	50,000	2%
廚具設備	300,000	12%
金屬結構工程	120,000	5%
合計	2,480,000 *	100%

* 不含設計監造費。

▶▶ 自家工班推薦

木工：蘇西寶

有耐心，溝通能力佳，肯接受新的設計觀念、嘗試新的挑戰。

連絡：0921-018-018

設計師：陳恥德

跳脫傳統制約的裝潢習性，運用獨特且平價的創意與手感來設計。

連絡：0933-724-880

溫馨原木小窩

屋齡	60 年
地坪	12 坪
建坪	20 坪
格局	1F 前廊、客廳、小餐廳、廚房、浴室、後院；2F 及 3F 阿嬤臥室、夫妻臥室、小孩臥室、共用衛浴
結構	加強磚造

[台南市 ▶ 連棟透天]

從小庭院開始
蔓延原木之美

有人因買了一朵美麗鮮花，而決定整理整個房間。故事主角則是在「不甚舒適但堪用」與「花小錢讓家變舒服」兩者之間不斷拉鋸的勤儉一家，最後決定站在「舒適」這邊，從後院開始，一直到客廳、廚房，以實木做為空間的主要素材，營造出充滿手感的一樓公共空間。

FAMILY STORY

屋主：王先生、黃小姐
兩人均為上班族，孩子已長大在桃園上班。王先生服務於台電公司，喜愛打球、運動；黃小姐服務於私立台南仁愛之家，閒暇時喜歡逛街且樂於品味時尚。

取材時 2010 年 1 月：阿嬤 90 歲、王先生 58 歲、
黃小姐 55 歲
阿嬤買下這間房子：1981 年
男女主人結婚：1984 年
小孩出生：1986 年
二、三樓局部整修：1998 年
一樓隔間整修玻璃屏風：2003 年
後院改造：2009 年 5 月上旬
一樓室內改造：2009 年 5 月中旬
前門改造：2009 年 5 月下旬

1 _ 前廊是脫鞋、放置機車之處。鞋櫃是早期餐櫃經過再生
　　處理而成。遮陽棚上方再開一天井讓光線可以進到室內，
　　天井四周都用木板收邊，試圖塑造出厚度。

2 _ 門前銅鈴下懸掛著設計師章靈的題字。

　　走在日本的住宅區巷弄裡，偶爾會發現幾間十分低調、用布幔遮蓋門面的日式料理小店躲藏在整排住家之中，稍不注意就會錯過。初次造訪台南巷弄內的這戶人家，就有類似的錯覺，只是，它真的不是日式料理店，它是民宅！

　　就像早期的傳統連棟透天，通常一樓會隔出客廳、餐廳、廚房還有樓梯，室內常顯昏暗，更遑論這裡只有十二坪，在視覺上給人擁擠感、導致心情不好。不過勤儉持家慣了，於是形成堪用即可的共識，就這樣持續住了二十八年。

　　好在一家人都很重視通風，當整排鄰居們都把後院加蓋成室內時，唯獨他們的後院是看得到陽光的，為的就是通風。「婆婆行動還方便時，後院就是她的小花園，」女主人黃小姐說，「現在九十歲了，花園都荒廢，我們因此決定將荒蕪的後院整理美化。」透過介紹，黃小姐找到園藝家章靈（28頁〈悄然蛻變、入世獨立的房子〉的屋主），將後院改造成簡單溫馨的日式庭園角落，特色是只用兩種植栽、再搭配舊日式拉門來塑造立體感，底部則鋪上特別調出來的黑白砂石比例，與接壤的水泥牆在色調上拉近距離。

沒有圖面，空間的即興創作

　　當後院完成後，回頭看看其他空間，發現後院竟是整間房子最漂亮的地方，形成後院令人心曠神怡，而前廊、室內卻嫌陳舊擁

before 1

before 2

3

4

5

擠，感覺很不搭調。原本只打算把後院美化而已，現在開始動搖了，黃小姐於是詢問章靈是否願意續做室內改造？章靈憑著對這個房子契合的靈感，充滿自信地表示願意承作。就在章靈沒有設計圖、只在腦中構圖與口頭描述的獨特設計風格下，隨著裝修進度彼此討論調整，設計師兼木作工班的章靈，甚至連櫃體與座椅都一併設計進去，最後大門、前廊也跟著感覺走，終於改變了整體風貌。

俗氣舊貨變成氣質老件

黃小姐將鐵製或塑膠製的收納櫃全都送人，希望透過原本就有的樓梯下方畸零角落來設計收納空間；遇到樓梯轉角的內側，章靈利用有限空間設計了可拉出式的微波爐架，並於下方空間將苦心蒐集的陳年迷你櫃安裝輪子，成了活動小型置物櫃，「大部分都是他順勢做出來的。有些是他長年蒐集的二手舊品改造，原材料剛送來時，看起來實在很不起眼令人擔心，就是早期的豬肝色、又很舊。我忍不住質疑他，真的OK嗎？」黃小姐說，「沒想到，廚房與樓梯之間的木雕門楣，將原本豬肝色的紅漆經過刮漆處理後，顯露出原木的紋理，還真是漂亮！」

後院→客廳→廚房→前廊

要爭取更多的留白，讓一樓不至於顯得太窄，夫妻倆也重新檢討哪些東西可以不要。

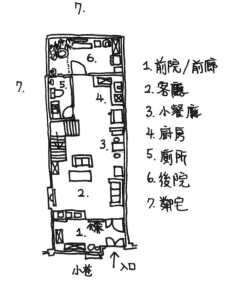

王先生家平面示意圖

1. 前院/前廊
2. 客廳
3. 小餐廳
4. 廚房
5. 廁所
6. 後院
7. 鄰宅

1_ 客廳牆面與地板原本貼的是早期流行的漸層磁磚，圖中是十多年前的阿公阿嬤。

2_ 客廳與樓梯之間本來有一道做為隔間的收納櫃。

3_ 進門之後檜木香氣撲鼻而來，視線所及幾乎是一樓的全部了。木頭溫暖的觸感包覆著小小的客廳，冬天即使沒開暖氣，老人家也不覺得冷。樓梯下方的空間分成兩段，上段做為收納櫃、下方放電子琴。

4_ 電視擺在老房子原本就凹進去的酒櫃空間，窗台下木作寬敞靠窗椅，聚會時可同時容納七、八人，小朋友也可坐地上。

5_ 沙發跟桌子都是之前買的，桌子原本的玻璃檯面十分普通，故蓋上一大片原木板材當新桌面。

首先是區隔客廳與餐廳的屏風，它的存在只會遮住更多光線、造成空間壓迫感，雖是前次裝修的成果，兩人還是狠下心拆掉；另外，因為夫妻倆都是上班族，家中人口又少，幾乎都以外食為主，很少開伙，既然瓦斯爐不常使用，乾脆就將抽油煙機拆掉；而為了讓阿嬤方便行走，樓梯寬度加寬，沒有上漆的木板也達到防滑安全的功能。「原本我們不打算改造廚房，當章靈客餐廳設計構想出來後，感覺廚房會更不搭調，經過一番掙扎，終於豁出去了！」不過，就止於一樓。全都是臥室的二樓與三樓，就絕對不會再進行翻新，「那裡只是睡覺的地方，堪用就好！」就這樣一步一腳印，大概花了一個多月，終於將一樓全部搞定！

風水大門終於搭調了

　　好吧，也許沒有全部搞定。勤儉持家的夫婦，終究捨不得將還沒壞、但卻是超級刺眼的前廊「大紅鐵門」給換掉。

　　在這個關鍵時刻，看不下去的女兒終於發聲了，「這道門的錢我出！」門要五萬多元，已經工作的女兒爽快付錢，這道充滿手感的木門成為媽媽的生日禮物，同時使得房屋一樓，終於從頭到尾都有了一致的面貌。

　　換掉大門還帶來另外一個好處，就是前門上方的石敢當終於不再突兀。那是先前後院牆壁進行清理工程時，工班提到對面的壁刀會直接切入大門，必須放石頭擋煞，「我本來以為是一顆小石頭聊表意思即可，沒想

1_ 原本樓梯下方、電子琴旁的畸零角落無法活用，必須另外擺櫃子來收納雜物。

2_ 電子琴與樓梯轉角處仍有畸零空間，將小櫃子下方安裝輪子後，可以移動拉出，讓微波爐右邊樓梯下深處，也成了收納空間。

3_ 將老式拉門斜向切割、吻合樓梯斜度，就成了可以透氣又美觀的門片。

4_ 將原本就有的廚房置物櫃換上新的櫃門，再貼上寫有「淨」字的鮮紅硃砂紙。

5_ 廚房的流理檯及窗戶原本模樣。

6_ 冰箱上方的木雕板材，來自老房子拆下的和室拉門上方的裝飾板，原本是俗氣的豬肝色，經過刮漆處理之後，回歸自然原色。

Green Point

如何活用原木之美？

原木除了拼組成家具或地板等材料外，利用它的色彩、質感，也可以用在許多小地方。

1 曲線與直線相互搭配，曲線延伸的自然形把手營造出獨特門面。

2 門牌號碼用毛筆沾墨寫上正楷字，相較於阿拉伯數字顯得更搭。

3 原木裁成長條狀也可以成為掛毛巾與衣物的漂亮桿子。

4 原木色很能襯托鮮豔的色澤，貼在前廊的鮮紅色硃砂紙，寫有「安住」及「平常心」字樣。

5 木頭的斷面加裝四隻腳後，就可以拿來擺放電話。

到會是個大石塊放在前門上，還用水泥墩固定！」石頭在大紅鐵門的「襯托」下顯得很詭異，直到換上木門之後，不但不突兀，反而變得十分賞心悅目。

就讓木頭能夠呼吸吧！

「自從2009年五月完工後，常會有路人問我們是不是開日本料理店，或者想要進來參觀看看，」王先生說，「走進來之後的第一個反應，常是大呼『好香啊！』，不過我們自己都已經習慣木頭氣味，反而聞不太出來了。」裡面的內裝主要由二葉松、老台檜、越南檜木、柚木交互運用，牆面壁板及地板則是越南檜木，家具多為老台檜、柚木，窗框則是二葉松。

沒有上漆、只上護木油的方式，讓木頭自然調節室內溼氣，同時也散發出怡人的木頭香，難怪阿嬤從頭到尾都笑呵呵呢！

1_ 浴廁開窗朝向開放的後院，上窗僅採粗紗窗防蚊透氣，下窗採用全透明玻璃，飽覽後院景緻。從後院看浴室窗戶，有精緻的遮板可防走光且保護窗戶不滲水。

2_ 洗手檯全部換新，下方面板可避免視線看到水管。

3_ 後院原本的鐵架雨棚用柚木板材及原木條修飾，再搭配原有的小家具，即成露天的休憩小角落。

4_ 後院是最先改造的地方，原本只是一般的水泥地和荒廢的小花園，運用原木板材拉高牆面，使空間自成一格。

5_ 將和室門的和紙去掉後，細緻的木格線條成為植栽後方的雅緻背景。

▶▶ 改造預算表 *

工程名稱	費用（元）	費用 %
階段 1：後院		
後院棚架改造	40,000	5%
後院小庭園造景	40,000	5%
後院外牆整理	10,000	1%
材料、雜項	10,000	1%
小計	100,000	12%
階段 2：前廊		
圍牆植栽與座椅	15,000	2%
前廊遮陽棚架	30,000	3%
洗石子處理	15,000	2%
原木窗框	20,000	3%
雜項	20,000	3%
小計	100,000	13%
階段 3：室內		
局部拆除	10,000	1%
木地板	120,000	15%
天花板木作	180,000	23%
油漆	20,000	3%
泥作	50,000	6%
水電	50,000	6%
木窗及玻璃	20,000	3%
木作	100,000	13%
雜項	50,000	6%
小計	600,000	75%
合計	800,000	100%

* 以一樓為主，包含室內擺飾、畫作。

▶▶ 自家工班推薦

設計師兼工班：章靈

把老房子當成藝術品改造，沒有設計圖面，構圖全在腦海中跟著感覺走。

連絡：0932-622-409

裝潢工程師：龍祥設計

技術面厚實、配合度高、易溝通、不抽煙、不吃檳榔、不喝酒。

連絡：0932-804-395 吳先生
　　　0958-690-398 楊先生

Jimmy 與媽媽的家

屋齡	26 年
地坪	15 坪
格局	1F 前院（停車格）、外玄關、工作室、內玄關、浴室、餐廳、書房、後院；2F 主臥、小孩房、更衣室、浴室
結構	加強磚造＋局部輕鋼構

[花蓮縣 ▶ 連棟透天]

生命中不能承受
之輕，放手吧…

日本昭和小說家三本周五郎曾寫過：「滿是恨意的雙眼，只是讓心變得荒蕪，生命變得乾澀。」屋主阿敏在一天內面對喪子、外遇及債務的三大打擊，她有絕對理由充滿恨意，但她選擇放手，把無法挽回的不幸看成禮物、做自己。她買下老房子，用過往的老件及充滿生命力的綠意，重新建構出屬於自己與孩子 Jimmy 的家。

阿敏（Jimmy 的媽媽）
事業成功、工作忙碌的女強人，熱愛自助旅行，每年會固定
給自己幾週的時間，和網路上的女性旅遊者結伴租車出遊，
或和孩子搭火車旅行。

取材時 2010 年 1 月：阿敏 41 歲
買下連棟透天：2003 年
室內翻修：2004 年 3 ～ 6 月
找舊料、老家具進行佈置：2004 年 4 ～ 9 月
前後院棚架、綠化：2004 年 6 ～ 8 月
完工：2004 年 9 月

1_ 右側不鏽鋼鐵欄杆其實是眼鏡店拆下來的展示鏡架，成為掛花盆及修飾背後水管的工具。

這篇故事是最後一個完成的，主要原因是訪談之後仍一直在沈澱。雖然她經歷了一般人可能一輩子都不會遇到的打擊，但她已經走出來了。現在，她是我見過最風趣與童心的人之一。為了保護她的隱私，就暱稱為阿敏吧。

我分別從阿敏及她二十多年老友K的講述中，將片段拼湊出整個故事，有些阿敏沒講的，K講了；有些K不願多談的，阿敏說了。

曾經，阿敏擁有打拼事業的先生以及兩個孩子，「阿敏很漂亮，從專科時就有很多男生追求，不過她早已心有所屬，就是後來她的先生、當時的同學，他外表並不出眾，但很有藝術才氣也很浪漫，畢業後不顧眾人反對，兩人結婚了。」K說，「一開始，她刻意忽略自己真正想做的事，只顧全心全意、兩肋插刀支持先生事業，事業蒸蒸日上。幾年後，她開始懷疑兩人之間的感情，吵架、紛爭不斷，一開始我還安慰她別想太多，直到她發現的那一天。」

「在同一天內，她遇到三個打擊。她發現先生與另外一個女人在一起、並把千萬債務推給她，孩子去海邊玩不幸溺水過世。」K說，這三件事情任一件事就足以讓一般人崩潰，而阿敏卻得同時面對，好替她感到心疼。

「很多事情，不要以為壓抑下來就會沒事，累積久了是會爆發的。」阿敏說。「因為孩子過世這件事，我爆炸了。」她帶著兒子Jimmy離開前夫。而千萬債務，是當時義不容辭為先生作保，也只能摸摸鼻子自己承擔。

1

2

3

面對、接受、放手

為讓兒子有衣食無缺的生活、穩定的課業，堅強的阿敏決定創業，並透過極度忙碌的生活，好把所有的心思聚焦在工作上。很快的，阿敏開始有能力償還前夫丟給她的債務，他們搬離租屋處，擁有了自己的一棟透天厝。

只是，狂忙、避談，並不會讓內心深處的傷口癒合，她偶爾會突如其來地極度沮喪，對發生在自己身上的種種感到不解。「直到我開始接觸心靈療癒課程，才學著去面對。」阿敏說，「面對它是既定事實後，就是接受、接受之後才能 let go。說得很簡單，但為了要放自己一馬，只有不停地練習。」

透過老件再利用　肯定逝去生命之美

趁著工作閒暇之餘，阿敏決定改造買下的老透天，房子位於巷底，考慮到鄰居的停車問題，她將前院的圍牆打掉，改成開放式停車格，「我大可跟鄰居們一樣都停在巷子旁，讓自己的前院種滿花草，不過這樣最裡面的鄰居停車就很麻煩。」即使那天我們是臨時決定到訪，阿敏的家依舊是紅花綠葉、生機盎然，包括停車格之外的空間，而且還用已毀損的公園水泥垃圾桶做成大花槽、洗衣機內槽變成大門前方的吊燈。室內還有很多經過處理的朽木、老窗花，以及早期裁縫機身變成了工作桌腳，甚至把老牛車的前車軸（也是牛車的戶定）當成樓梯柵欄。

1＿ 阿敏家有兩塊黑板，一塊掛在戶外牆上，每次出門就會看到；另外一塊則掛在入口處每天回家就會看到的角度。那天她即興寫上：「這裡是 Jimmy 與他媽媽的家」，另外一塊則本來就寫著：「說好話：就像擦香水一樣，自己香別人也香。」

2＿ 兒子 Jimmy 很喜歡以自然入畫，尤其是白雲與花，家中四處都有他的畫作。

3＿ 偶爾要在工作室接洽訪客，為了不讓兒子被打擾，她在原本可以直接看到底的走道上，加上一道磚牆砌的轉角，做為進入私人空間的玄關，兩道實木門給人別有洞天的好奇。

4＿ 阿敏做的房子模型，用很簡單的草圖畫好之後，依照自己的比例感就做出來了。

5＿ 不到一坪的廚房，收納櫃針對電器尺寸訂做，常用的碗盤就直接收納在烘碗機裡。阿敏以水煮、電鍋等健康飲食為主，廚房少有油煙，用透空花窗做為廚房門，還是頭一次看到。

6＿ 走進這道轉角玄關，就得脫鞋了，鞋櫃門片以板材嵌古董窗，透氣又古樸。

7＿ 廢棄不用的洗衣機內槽，變成大門前方的吊燈。

8＿ 過了那道轉角磚牆後，就是兒子的書房、廚房及通往二樓的樓梯。樓梯欄杆沒有一根長得一模一樣，它們是來自老房子拆卸下來的結構柱，最妙的當屬第一階扶手欄杆，那是牛車的前車軸，用來銜接車體與牛兩側直木（車坪、或稱牛輨）的媒介。

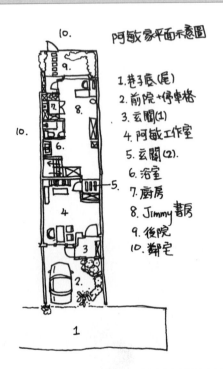

阿敏家平面示意圖

1. 巷子底(尾)
2. 前院+停車格
3. 玄關(1)
4. 阿敏工作室
5. 玄關(2).
6. 浴室
7. 廚房
8. Jimmy書房
9. 後院
10. 鄰宅

「為什麼妳會對老件情有獨鍾？我的意思是，跟妳年紀相仿的女生，大部分都喜歡嶄新的、甚至刷白的鄉村空間，為什麼妳還要花心思把舊料融入空間裡呢？」我問。阿敏回答：「一開始我也沒有特別喜歡啊……自從小孩過世之後，我開始對這些老東西產生感覺，有點像是，它們的使用壽命雖然已被原主人認定為結束，或者這塊木頭的物質生命雖然已經離開，但它依然存在著一些值得令人珍惜的美好。」她補充說，「因為孩子的過世，讓我變得勇於改變現況，我沒料到我可以一個人東山再起，可以很開心地做自己。這個事件是我的禮物、讓我重生，我知道我有能力做任何事情，創造任何自己想要的生活。」

「我想我也被阿敏影響了，」K說，「她的豁達、樂觀與堅強鼓舞著我。每當我覺得自己的情況很糟、自怨自艾什麼的，就會有點汗顏。畢竟，我的情況能糟到哪？阿敏遇到那樣的大風大浪，都過來了。我告訴自己不要過度情緒化、要理性解決問題才對。」

其實，阿敏已經好久沒有跟人講起這些過去，就像小時候把裝滿照片、玩具及記憶的小鐵盒，埋在後院深處的土裡一樣。她每天忙著自己的事業、維護庭院花草以及陪伴下課後的Jimmy，週末還要找時間出來畫畫圖、做做自己喜歡的房子模型。

如今，她將小鐵盒挖出來，拍掉灰塵、打開來看，著實費了番功夫與決心，才慢慢憶起成就今天的過去種種。「我人生的下一

IDEA

室內外的
通風設計

1 工作室與前院之間的小窗，可以決定打開的斜度大小。

2 廚房與後院之間的小窗，可以連帶將浴室溼氣及廚房異味帶出去。

3 在浴室與廚房之間留有開孔，可以讓開放的廚房將溼氣帶出。

4 樓梯與工作室之間的通氣窗，僅用鐵絲紗網做隔離。

5 在房間門上方開一個方正小孔，設一道可以旋轉調整角度的斜窗。

個階段,應該是幫助別人吧!雖然還沒有具體的計畫,但內心已經有這樣的衝動。」也許,透過這次的分享,阿敏已經或多或少鼓勵了一些人,至少我就是其中一個,在此跟阿敏致意!

1_ 家中一樓前段屬於阿敏的工作室、後段屬於兒子的書房。圖中為阿敏靠窗的工作桌。若把桌面拿掉,可以清楚看出支撐桌面的是兩台裁縫機。她的椅子都是在二手店買的台灣早期耐實的木椅,還很喜歡用木梯子當置物架,所有收納都是開放式的。書架背後的磚牆是重新砌上,做為後方樓梯空間的區隔,但與樑之間留有橫向通氣窗。

2_ Jimmy 的書房兼畫室位於房子的後段右側,因為是新增空間,二樓樓板整個挑高。

3_ 將有瑕疵的水泥桶重新利用,做成土壤深度較厚的花盆。

③

▶▶ 改造預算表

工程名稱	費用（元）	費用 %
拆除工程	20,000	1%
泥作	260,000	16%
水電	170,000	11%
鋁窗	80,000	5%
木作（含廚房廚具）	600,000	38%
油漆	30,000	2%
綠美化	10,000	1%
輕鋼構加蓋（10 坪）	400,000	25%
壁紙	20,000	1%
合計	1,590,000	100%

城市老樹屋

屋齡	33 年
地坪	46 坪
建坪	60 坪
格局	5 房 2 廳＋2 套半衛浴＋桌球室
結構	（舊）RC、（新）鋼構

[台東市 ▶ 連棟透天]

零耗能除溼機
告別溼氣與反潮困擾

屋主王聖銘因三棵大樹，買下了這間超過三十歲的兩層樓日式洋房，老透天因後院沒有排水管道，造成反潮及溼氣嚴重。改造房子之前，曾帶著孩子一同去德國參加工作假期。有了整修古蹟房子的經驗，從而在後院設計出不需要能源的石頭、土壤、空心磚調節溼度的工法，並搭配參考許多國內外設計出來透氣屋脊的例子，讓家四季都保持在舒適溼度！

FAMILY STORY

屋主：聖銘、富美

聖銘為成大都市計劃學士、台大建築與城鄉研究所碩士、英
國里茲大學資訊科學博士，現任台東大學資訊管理系助理
教授兼創新育成中心主任。喜歡透過旅行學習當地與環境土
地之間的互動與協調；富美為台大哲學及經濟雙學士、英國
里茲大學企管及科技多媒體教育雙碩士、東華大學企管系博
士，現任台東大學理工學院業界博士教師。兩人認養拉不拉
多狗 Kuma（因體重達五十公斤，大到像一隻熊），即使現
在已是老狗，仍不離不棄。

email / ryan.nttu@gmail.com

取材時 2009 年 12 月：聖銘 47 歲、富美 41 歲、涵涵
10 歲、潾潾 9 歲
從台北搬來台東、租房子：2003 年
買下台東市老透天：2006 年 5 月
全家到德國參與老屋改造：2005 年 8 ～ 9 月
自己設計、改造：2006 年 5 ～ 7 月
尋找台東各工種工班：2006 年 5 ～ 8 月
開始動工：2006 年 7 ～ 12 月

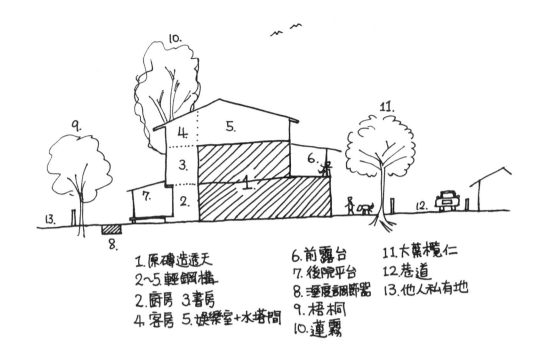

1. 原磚造透天
2~5. 輕鋼構
2. 廚房　3. 書房
4. 客房　5. 娛樂室+水塔間
6. 前露台
7. 後院平台
8. 溼度調節器
9. 梧桐
10. 蓮霧
11. 大葉欖仁
12. 巷道
13. 他人私有地

原本在新竹及台北上班的聖銘與富美夫婦，為了讓孩子的成長充滿與大自然的互動，2003年聖銘在台東找到教職，於是全家人從台北搬到台東。因為富美從小在台北長大，擔心不適應、可能之後會再搬回台北，於是就先租房子暫時安定下來。

「對孩子而言，環境的改變不成問題，他們很快就融入當地了。但對我而言，即便是搬到台東市中心，仍舊跟台北的節奏、便利性差太多了，這裡晚上太過安靜，步調很慢……我花了幾個月才慢慢適應。」不過，單純熱情的鄰里、良好的治安以及清新的空氣，富美也開始愛上這裡了。隨著孩子們逐漸長大，需要有自己的空間，租屋處漸漸無法滿足需求，聖銘開始尋找房子。

市中心裡，有著庭院及三棵大樹的老房子

促使他買下這間房子的關鍵點是價格談成。聖銘在房屋網站上追蹤它超過八個月，它的點閱率雖高，但始終無法成交，最後促使賣方決定降價到聖銘可接受的範圍。「我一直希望我住的房子能與土地及大樹產生關係，而這間房子擁有前後院及三棵超過三十年的大樹，再加上它離我教書的學校很近，走路約二千多步就到了我的研究室，而且接送孩子上學只要十分鐘。」

孩子起床後的第一個任務——出門掃落葉

這三棵大樹的高度都超過兩層樓，前院

是大葉欖仁、後面分別是蓮霧樹及梧桐，大葉欖仁的落葉會掉到外面巷道上，因此鄰居在聖銘剛買下時就勸他砍掉。「我跟鄰居說，種樹三十年、砍樹三十分鐘，而且樹有樹神，不宜亂砍。」聖銘半開玩笑地暗示屋主，他絕不會砍樹。「不過我會叫孩子早上起床先到外面掃落葉，讓鄰居們出門時看到的就是乾淨的巷道。」孩子掃完地、餵完前院魚池中的大小魚後，全家一起吃早餐再出門。

沒有辦法排水的潮溼後院

不知何故，儘管台東天氣炎熱，前屋主還是將室內地板全部鋪上地毯，但是若赤腳踩在上面，會有潮溼的感覺。「追溯後發現問題出在後院，」聖銘解釋，「後院沒有任何排水通路，沒有排水管、水溝、排水孔這些東西，當初蓋房子時，圍牆就直接在後院圍出一塊區域。」下雨之後，水是透過表面的土壤慢慢滲下去。黏質土壤密實、吸水性高的特性，使得水幾乎很難排出去，不但會滋生蚊蠅，而且溼氣還會反潮到室內，造成室內溼氣超高，地板幾乎每天都是溼的。但是當時也無法埋設排水管讓水排到別處，因為後院周遭都是鄰居的私人土地，而且也都沒有規劃適當的排水系統。

全家出國學習老房子溼度調節工法

2004年因緣際會在台東認識旅居德國的

1_ 剛買下房子時的正面外觀屋況。

2_ 特別到西部嘉義訂製的木百葉，同時要求每片葉片的色澤不同，並塗上德國進口的透氣護木漆，遠看十分漂亮，亦可隨需求選擇單面開或全開。另也可降低台東沙塵暴的灰塵。

3_ 客廳與前院之間原本僅用玻璃拉門區隔。

4_ 從刮除牆上異物到上白漆，涵涵與潚潚兩人花一整天時間把它完成了！

5_ 二樓露台原本是直接面對日曬雨淋，一樓會有漏水之虞。

6_ 考慮到一樓室內可能滲水，決定搭起輕鋼構棚架稍做保護。原本的欄杆保留，只是在外圍再增加一圈用角材塗德國進口透氣護木漆的木欄杆。

* 胡湘玲著有《到天涯盡頭蓋房子》、《不只是蓋房子》、《太陽房子》等書。於 2005 年出版《我家房子 160 歲》，王聖銘一家人參與的就是這間 160 歲德國老房子的再生。

胡湘玲博士，因而在 2005 年暑假，聖銘帶著富美、涵涵及潚潚一家人到德國，參與她在德國的一百六十歲老房子改造再生工程*，學到了利用挖溝、挖凹洞填石塊的方式來製作「溼度調節器」。之後在面臨自己這棟老透天後院積水問題時，聖銘想起德國整治法，運用後院本身的土壤以及從外面運進來的石塊，請工班下挖出 100 公分見方的方體凹槽，並運用空心磚、石塊等材質構築成濕度調節器（見 79 頁左圖），透過石頭間的縫隙快速排水，並於天氣熱時，自動散發水氣，保持空氣濕度。不需要任何電力或外力，有效排除後院水氣及南風來時的反潮困擾，同時帶動室內外的溼度平衡。「工班做了幾十年從沒做過這種東西，經過簡單解釋，他們仍質疑我、不太願意施工，完成之後他們很驚訝這種設計這麼有效，現在還幫別的屋主做呢！」可見這種工法簡單易學，而且也不需要額外花費就可達成。

選擇平價輕鋼構做為新增部分

此外，原本的坪數並無法完全滿足全家人的機能需求，少了書房、客房及娛樂室的空間，因此要在後院空地再增建做為一樓廚房、二樓書房及通往娛樂室的樓梯，並於原本的二樓上方再新增閣樓式的客房及娛樂室。

考量到成本及施作便利性，這些新增的空間都用輕鋼構做為結構主體。由於聖銘在台大城鄉所就讀時有室內設計監工的實務經

1_ 右邊玄關進門之後就是客廳，室內溼氣重造成地毯受潮。

2_ 原有的一樓面積真的很小，客廳斜對面就可以看到廚房的流理檯。門過去就是後院了。

3_ 原本的一樓廁所位於樓梯下面，低矮且黑暗潮溼。

4_ 原有的流理檯都沒拆，僅用板材包覆，空的地方量好尺寸做櫃門，就成了堅固現成的收納櫃，檯面亦在同一個洗手槽處裝洗手盆。

5_ 一樓新增的輕鋼構空間就做為寬敞明亮的廚房，因為最靠近後院，可以有效將廚房溼氣加以平衡。

6_ 將靠近後院的房間改為廁所，利用原本的窗戶讓採光進來，同時調整為天花板原本的高度。利用活動鐵架做為廁所書報收納，滿足一家都愛閱讀的需求。

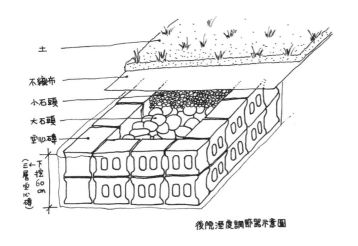

土
不織布
小石頭
大石頭
空心磚

（三層空心磚）

下挖60cm

後院溼度調節器示意圖

7 _ 後院原本的模樣。這裡沒有排水溝、排水孔，四季都處在陰溼狀態，而且土壤中的溼氣、水分還會反潮到室內。

8 _ 後院架高的平台支撐，以輕鋼構為四個角、枕木為中段支撐，並於空隙處塞大石塊，阻隔後院的溼氣穿過平台下又被房子基礎吸附。

9 _ 孩子正幫忙把修剪的大樹枝葉切成小段，日後可做為其他用途。

10 _ 新增的輕鋼構，從一樓到三樓分別是廚房、書房及閣樓客房。一樓加裝遮陽板，而原本房子與後院的高差，則利用延伸的木平台做為緩衝，平台四周都挖出「溼氣調節溝」，並於完成後塞入大塊石頭擋落葉。

11 _ 富美準備了一本空白畫冊，每位來訪的客人都可以在上面留言。圖中分別是來訪的小朋友與大人為房子與家人所畫的圖。

驗，因此這次完全是他自己發包、監工，「因為對自己的家要求比較高，所以光是木工就換了三組，泥作也是精挑細選。不過在台東要找到精準的工班可能比較不容易，因此我要求以統包的方式來計價，不算工時、完成到某個階段再分段付款，這樣就可以花多點時間溝通，遇到不滿意的地方，甚至硬下心來敲掉重做！」

為了繞過大樹　多了近一倍的鐵工成本

為了後院的蓮霧樹，新增的輕鋼構二樓及閣樓特別空出十坪的空間，也因為要騰出這十坪，角落收邊多了一個凹摺角，使用的鐵工物料因此增加近一倍。「但這是值得的，

一棵樹可以抵五台冷氣。樹大招風，所說的就是樹葉在一呼一吸之間所形成的微氣候，促使空氣流動的效應。我們家雖然有兩台冷氣，但很少開，都是拜大樹產生的微氣候所賜。另外，也不用擔心根系破壞地基牆面的問題，我們家的蓮霧樹、大葉欖仁都屬於定根喬木，根是往下抓而非往四周蔓延的。」聖銘很欣慰地說。再加上後院埋設的溼度調節器，簡直就是如虎添翼，夏天空氣既乾爽又涼快，十分舒服！「這棵蓮霧樹也是很多鳥兒的築巢點，我至少在這裡看過綠繡眼、珠頸斑鳩、黑頭翁、黃嘴黑鵯以及黃、灰鶺鴒等約十種鳥。」

1 _ 二樓的深度原本只到圖中的牆。

2 _ 二樓新增加的書房，桌椅都是學校報廢後以非常便宜的價格買來再利用的家具。將書架設置於西曬的一面，利用眾多書籍來阻擋陽光的熱度，順便曬書。

3 _ 改造前因左下有樓梯而產生的畸零空間。

4 _ 改造後這個空間變成兩個孩子睡覺的地方，延續右側窗台的高度直接木作出抬升的木平台，平時做為小小的遊戲空間，台北阿嬤來時還足夠和兩個小孩同睡一張床。

5 _ 為保留蓮霧樹而將新增部分多轉個角度，設為樓梯，開窗可以近距離欣賞蓮霧樹，也讓視線有所轉折，後院看起來更大了。

改造現場

埋在土裡的濕度調節器

由於後院之前沒有任何排水設計，而且三邊都是鄰居的私人用地，也無規劃適當的排水系統，只要下雨，水氣與濕氣就會造成室內高濕度不舒適、夏天吹南風也造成地板嚴重反潮。聖銘將所設計的濕度調節器埋在後院正中央土裡，其結構由底部到頂部如下：三層空心磚、大石頭（卵石）、小石頭（礫石）、可以過濾泥沙的不織布、土壤。濕度調節器的體積可依照基地現場狀況做變形或尺寸調整。

1 在溼氣聚集的中心處挖出深約 100 公分的凹洞，並鋪上三層空心磚。

2 擺上較大的石塊、卵石至 1/3 ～ 1/2 高度，同時空心磚與土壤間的空隙填上卵石。

3 倒進礫石或小碎石，填滿整個土壤凹洞，包括空心磚牆內外。

4 於上方鋪上面積較洞口大些的不織布，並於其上鋪上土壤。不織布可讓水滲透進入溼度調節器，但又可阻止細緻的土壤也流下去造成阻塞。不織布面積較洞口大，也是為了同樣的功能。

5 整個院子都完工之後，再於地上鋪上造景表面即完成。

6 沿著平台及蓮霧樹根部挖出較淺的洞，同樣以石塊及礫石提供微型的溼度調節。

驚喜！窗台上的一對小珠頸斑鳩

　　拜訪當天，甚至巧遇窗台上築巢的珠頸斑鳩！是富美先發現的，她在整理閣樓時，發現斑鳩媽媽瞪著她看，這才發現窗台上有兩隻小斑鳩。富美像個孩子般興奮地從閣樓跑到一樓找我們，聖銘告訴她要放輕腳步才不會嚇到母鳥，不過機警的母鳥最後決定飛回蓮霧樹，留下兩隻小斑鳩讓我們盡情拍照。還好依照斑鳩習性，母鳥會再回來餵食，不會棄兩隻雛鳥於不顧。而跟著我們來拜訪聖銘的藝術家飛魚，前一天還在示範用彈弓「訓練」斑鳩的閃躲力，看到這兩隻雛鳥如此可愛無助的模樣，立刻放下屠「弓」立地成佛，將彈弓送給聖銘以示決心。

透氣屋脊與充足開窗　鐵皮閣樓不悶熱

　　除了排除溼氣外，聖銘還幫房子屋頂設計了「透氣」的功能。閣樓除了屋頂使用發泡隔熱棉緩衝太陽輻射熱，以及開了十道窗戶外，還在屋脊兩側C型鋼上，再各架一根打洞的C型鋼；當烈日照射閣樓，閣樓的空氣遇熱上升，就會從打洞處流到室外，樓下的冷空氣緊跟著流入，於是達成循環原理。

孩子參與　從實作中體會「踏實」

　　這間老房子在改造過程中，聖銘與富美都讓小孩一同參與，如圍牆上漆、整理老樹修剪後的樹枝等，讓他們付出心力、體驗一

建築現場

全家人在德國的工作假期

溼度調節器的工法及構想，主要來自全家在德國參與胡湘玲一百六十歲老房子實作而習得。該處的老房子地板是土壤與石塊，為了調節地板的溼氣，沿著牆角做出溼度調節溝。

1 全家人與胡湘玲夫婦共同整理房子裡的地基層。

2 沿著邊緣挖出一道溼度調節溝，石塊很多。

3 涵涵忙鬆土、澔澔搬石塊，結果驚喜地從地底下挖出自己的生日禮物：巧克力糖！

4 挖好的溝再填上碎石子，增加空氣細縫。

5 再鋪上防潮布、簡易的細鋼筋，灌漿之後就會讓室內保持足夠的乾燥。

6 由當地德國工廠運來砂石，再於現場自己調成水泥比例，做為室內地板的灌漿。

1_ 看到小斑鳩的可愛模樣後，好友飛魚決定將「訓練」自家斑鳩的彈弓送給聖銘。

2_ 客房窗台常會有一些驚喜，拜訪當天發現珠頸斑鳩媽媽在客房窗台外築巢孵育兩隻小斑鳩，讓大家充滿驚喜！

3_ 拉到閣樓高度的化糞管口加裝香菇頭，加速臭氣的散逸。

4_ 閣樓的娛樂室目前置放桌球檯，上方的透氣屋脊大幅減低鐵皮閣樓的悶熱感。

改造現場

藏在閣樓屋脊上的整排透氣口

閣樓是用一般鐵皮輕鋼構搭建出來，除了屋脊兩側透氣口外，還有十道窗戶，側牆頂也設有排氣窗。但是烈日下導熱速度快，為降低閣樓的悶熱感，改造過程中同時在屋脊上方設計了一排透氣孔。其方法是在原本的結構性C型鋼上方，再架設兩根有打洞的C型鋼，為了安全考量，這兩根打洞的C型鋼並不負責支撐結構。此外，為避免雨水或蚊子等透過透氣孔進來，另外訂製了不鏽鋼屋脊保護罩，架在透氣C型鋼上方。

1 打上透氣孔的C型鋼，每隔15公分開半徑1.5公分的洞。

2 將透氣C型鋼架在屋脊處。

3 不鏽鋼保護罩試做，先裁一段試架在兩根透氣C型鋼上面，確認斜度一致。

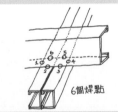

6個焊點

4 因在台東叫料的螺絲不足，除屋頂主樑外，其他部分結構的C型鋼交接點都用焊接，為避免發生扭曲造成焊點斷裂（twist），特別要求一定要做到「六點焊接」。

兩邊波浪板屋頂都架上去之後，從閣樓往屋頂看。

6 完工後從閣樓往上看，仍可以看到從透氣孔進來的光線。其他樑柱亦是C型鋼，只是另外用木板包覆，營造出屋主想要的英式鄉村風。

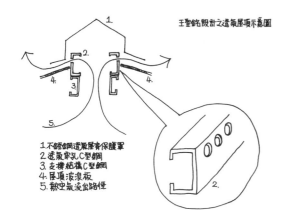

王聖銘假設計之遠氣屋頂示意圖

1.不銹鋼遠氣屋脊保護罩
2.遠氣寬孔C型鋼
3.支撐結構C型鋼
4.屋頂波浪板
5.熱空氣流出路徑

步一腳印的踏實感，對老房子與樹都產生情感與尊重，「孩子會對同學說這間房子的故事，從改造、修枝、小鳥築巢、小昆蟲的觀察等，我們家每天都有自然的驚喜。」聖銘的建築師朋友也會在假日攜家帶眷從台北開車來渡假，「訪客還會在我們家留言，」富美攤開精美的sketch book，每頁都是訪客圖文並茂的留言。聖銘甚至為這間房子製作了改造前後的簡報檔，以便跟每位訪客說明這間房子的過去與現在。「我的房子根本談不上豪華！」聖銘說，「但滿足了我們一家四口的需求，另外也滿足了改造一棟自己的準綠建築房子，又給家人一個在台東適居的家。」

　　剛拜訪時我還好奇，是什麼樣的力量讓這一家人如此充滿暖意呢？與他們道別時，我已經知道答案了！

▶▶ 改造預算表

工程名稱	費用（元）	費用 %
局部拆除	60,000	4%
頂樓鋼構	220,000	13%
側面新建鋼構	300,000	18%
鋼筋、模板	90,000	5%
泥作	150,000	9%
地磚	65,000	4%
水電	220,000	13%
鋁窗、不鏽鋼及玻璃	120,000	7%
木作	220,000	13%
防水	50,000	3%
油漆	90,000	5%
廚房	95,000	6%
合計	1,680,000	100%

▶▶ 自家工班推薦

泥作：蔡東吉
做工精細，用雷射定位、角度精細平順。
連絡：0932-660-061

HOUSE DATA

Jose & Rosi 的綠色小徑

屋齡	48 年
地坪	20 坪（含巷路與院子）
建坪	20 坪＋5 坪（閣樓）
格局	1F 前面小庭院、客廳、餐廳、廚房、客浴、倉庫；2F 主臥、更衣室、晾衣間、衛浴；3F 客臥、觀景空間、小花台、大型棉被曬衣平台
結構	強化磚造，3F 是輕鋼構

[台北市士林區 ▶ 連棟透天]

從灰巷到綠徑
家門到社區的綠色漣漪

2006 年，剛搬來的趙哥哥率先出資，將整條巷子綠化，鄰居們心裡的綠地被喚醒，紛紛共同維護、美化。現在，趙哥哥與鄰居們相互關心、如同家人；他們的家，不再是位在台北市某條名不見經傳的水泥灰巷之中，而是媲美歐洲古城巷弄的綠色小徑！

FAMILY STORY

屋主：Jose & Rosi
喜歡拈花惹草、觀察窗外鳥語花香、與社區鄰里相互交流，
享受社區所帶來的友誼和暖意。
email / jose3428@gmail.com

取材時 2009 年 12 月：夫 60 歲、妻 54 歲
開始找老房子：2005 年 1 月
買下現在住的老房子：2005 年 12 月
開小天井：2006 年 3 月
二至三樓樓梯開孔：2006 年 4 月
安裝二至三樓樓梯骨架：2006 年 4 月
屋頂開虎窗：2006 年 5 月
房子翻新工程完工：2006 年 7 月
參與社區綠化與認識鄰居：2006 年 8 月
巷子美化：2006 年 10 月

1_ 剛買下老房子時的巷口環境，路燈處即趙家門口。巷子不但是單向、而且還被高聳的住宅建物大量的冷氣散熱口包圍。

2_ 從巷底鄰居家看往巷口，趙哥哥家位於綠色棚架處，而右側這一整面景觀植栽牆，是趙哥哥在徵求鄰居們同意之後栽設，植栽則由鄰居自行維護、增添。

　　從大馬路沿著灰色水泥牆巷口走五分鐘後，一條「綠色」小巷弄映入眼簾，我一邊撥弄著巷口錦屏藤垂下來的紅色氣鬚，一面訝異著，如童話般的綠色小巷竟真真實實存在台北市裡。

　　「我們原本住在市中心的電梯大樓裡，過著典型的大樓生活。」趙哥哥說，「住在大樓裡，每天回家都是透過電梯，倒垃圾也有管理員來收，不須出去等垃圾車。基本上連隔壁住誰都不知道，更遑論樓上樓下，每天遇到的都是常見的陌生人。說實在，久了之後會讓人覺得很孤單。」

　　四年前，孩子長大了，趙哥哥Jose及妻子Rosi兩人決定離開「電梯生活」，找一處鄰居互相照應的社區。他們四處探查，偶然來到士林巷弄裡，第一眼看到這間別人不一定會中意的老房子，竟然就與仲介成交。吸引他們的主要原因是生活機能便利、又靜謐。

　　當時，老屋所在的巷子跟所有水泥巷弄一樣平凡，而且還是單行巷道。緊臨巷子的是高聳的住宅大樓，「算一算，高高低低的住家共有96台冷氣散熱口對著我們。」這整個社區的房子都是在民國50年左右興建，當時是美軍居住的磚造房，不但每層坪數僅十坪，樓層高度也只有兩層樓，勉強因斜屋頂的關係再多間小閣樓。

巷子成為大家的綠色前院

　　然而，誰能料到搬到這裡之後，竟然為

夫妻倆以及鄰居們帶來無以倫比的人生禮物呢！首先，趙哥哥得到巷子裡總共三、四戶的鄰居們允許之後，將小巷子靠近大樓的整面牆綠化，原本醜陋的老舊水泥牆立刻變得生機盎然。而被一般人視為缺點的單行巷道，卻因這樣的特質，免去了外來車輛通行的干擾，鄰居們剛好都沒有車，這條巷子成為厝邊共同的花園、前院。

「我們還特地去找了兩張別具古味的戶外雙人椅、在美國ebay拍賣網站買到古銅落水頭，門口正上方也架了棚架，種上錦屏藤及九重葛。」棚架上的藤蔓好處多多，雙人椅正好在下方以便乘涼，而且也吸引不少鳥兒、蜥蜴來此覓食、嬉戲。最重要的是，以往夏天只要周圍大樓近百台冷氣開始排放熱

氣，巷子裡的住戶就得被迫跟進開冷氣，現在茂密的藤蔓搭配整條巷子的植栽群，似乎調節了涼爽的微氣候，從此就很少有開冷氣的必要了。

一坪大廚房、半坪大洗衣間

趙哥哥家一、二樓的坪數都只有各十坪，空間難題的破解可以媲美日本的《全能住宅改造王》節目了，一樓的一坪大廚房裡，歪斜的地面必須請廚具廠商做出九個體積各自不同的下櫃；還有半坪大的洗衣間，除了要找到超迷你的洗衣機之外，還注重採光與美化，特別用南方松架設晾衣平台，即使晾衣服也有好心情。

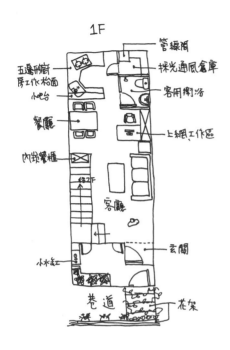

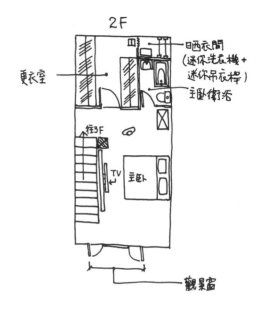

趙哥哥家1、2F平面示意圖

1_ Rosi 正在整理垂下來的錦屏藤鬚，光是呵護、維護這些植栽與小生態系，就足以讓夫妻倆感到生活上的滿足。地面上的卵石小徑從門口延伸到巷底，象徵著美好的厝邊情。

2_ 走在巷子裡，視線所及都是滿滿的綠意，右下角的腳踏是趙太太 Rosi 的精心之作。

3_ 附近的畫家甚至跑來這裡素描。

4_ 小巷的柏油路上還有一條小小徑，上面鋪著卵石、長著小草，從巷口串到巷尾。

Green Point

從灰巷到綠徑

為了在不影響對面住宅大樓的背牆下，社區巷弄綠化首先要徵得每一戶鄰居的同意，將巷子讓出約 15 公分的空間，做為漆上防水層及疊起透水磚的厚度，也就是先上一道防水層、下方鋪疊上一排戶外透水磚，上方再用南方松及實木斜向格柵架起景觀牆，這樣就不會影響到另一邊的大樓。而各種植栽再透過日後增加、維護，就可加以綠化了。另外，趙哥哥自家門口的圓弧形棚架則是架在圍牆上，上面的九重葛甚至還解決了對面大樓住戶的西曬問題，讓那些屋主很開心呢！

將巷子與隔壁大樓之間的牆面先漆上防水層，並於前方架設景觀用透水磚。

於透水磚上方再架設南方松以及可讓藤蔓攀爬的斜向花架，長度延伸到巷底。

現場直接請木工邊調整花牆弧度。

Rosi 正專心用磁磚與馬賽克拼貼出大門的腳踏。

於自家門口上方再請鐵工架設棚架，棚架右側下是經過松木修飾的趙家冷氣主機排放口。

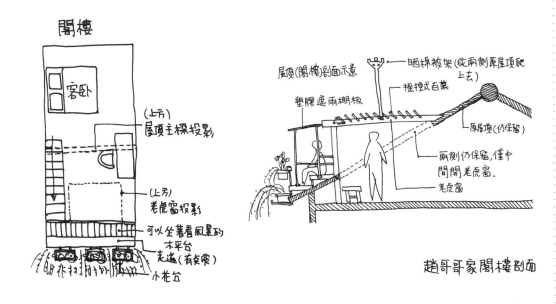

閣樓

客卧

(上方)
屋頂主樑投影

(上方)
老虎窗投影

可以坐著看風景的
木平台
走道(有光罩)

小花台

屋頂(閣樓)剖面示意

晒棉被架(從兩側原屋頂爬
上去)

搖控式百葉

塑膠遮雨棚板

原屋頂(仍保留)

兩側仍保留,僅中
間開老虎窗.

老虎窗

趙哥哥家閣樓剖面

閣樓，再也不須低頭

　　一樓巷口，是趙哥哥與眾人分享的綠地；閣樓陽台，則是趙哥哥與 Rosi 自己享受的小花園，同時也充滿了機能性。原本的閣樓只是傳統的兩片斜屋頂下方空間，除了大樑下方之外，其他空間都必須低著頭才能走動。趙哥將朝巷子一側斜屋頂開了大型老虎窗，小心翼翼爬出虎窗之後，就是夫妻倆賞景、賞花的休憩小陽台。

　　此外，屋頂的機能還包括降溫灑水頭、隔熱黑網，以及可以曬棉被的簡易曬衣架。這些工程多半且戰且走，只要想到缺什麼，就找工班再來調整修正，現在這間老屋不但綠意盎然，機能性也不輸正統三十坪透天厝。

每個人心裡都有一片綠地

　　趙哥哥家的神奇之處，不只是把又是老屋又是小坪數的住家改得幾近完美，還包括他對環境綠化的熱愛程度。就我而言，把自己家門口綠化已經很辛苦了，沒想到他還可以將綠意延伸到左鄰右舍，這是發自什麼樣的動力呢？「看哪！有小鳥飛過來了！是綠繡眼嗎！」聊天到一半，趙哥哥突然興奮地低聲說到，深怕嚇到小鳥。也許，這就是答案了，為的就是這隨手可得的驚喜、生活中的自然禮物。

　　從小就喜歡樹的趙哥哥，年輕時在台東、宜蘭當過兵，也在金門打工半年，深深為自然景色所觸動。「每個人心裡都有一片綠地，

只是沒有實現而已。」這樣的想法有如漣漪，漸漸擴散，從原本自發性安裝綠化景觀牆，到鄰居主動買新的植栽懸掛、互相照顧植栽，到街頭巷尾的鄰居們來拜訪看過之後，也紛紛在自家門前綠化，走在趙哥哥的社區裡，隨時都有綠意的視覺饗宴。

這片綠意也是最棒的「焦點轉移」法，以前走進巷子看到緊臨的高聳大樓以及一堆冷氣機散熱口，心情很難輕鬆；改造後絲毫不會注意到那面背景，而完全被整片綠意給吸引！現在，趙哥哥家門口常成為鄰居聊天、喝下午茶的據點，甚至有畫家為這條小巷子作畫，這種滿足感都是改造前始料未及的。

1_ 雙斜屋頂形成的閣樓，原本只有主樑處的高度可以站直，後來將朝巷子一側的屋頂開大虎窗，提供更多的採光機會，也可以讓人繼續直走至窗台。

2_ 從客廳看一坪大的廚房，吧台是前屋主裝的，因為很新就不拆了，裡面的下櫃則是新裝上的。

3_ 趙哥哥在問了第四個櫥具廠商後，終於把廚房下櫃做出來了！每格櫃子的尺寸都不一樣！

4_ 一樓公共空間延續前任屋主的格局，沒有太多變更，結合了客廳、閱讀區、餐廳及廚房。閱讀區上方改為 LED 照明，可以避免過熱的問題。

改造現場

大型虎窗安裝

當時為了避免影響
到鄰居，閣樓上老
虎窗的寬度是從屋
頂兩側內縮再裁切，
高度則離閣樓地板
約 1.8 公尺，上方安
裝遙控式鋁片百葉，
可以控制照進來的
陽光與輻射熱。看
似高科技，其實是
趙哥哥請鋁門窗工
班將平常裝在窗戶
上的垂直百葉擺成
水平，整個虎窗從
裁切到安裝花費不
到六萬元。虎窗與
原屋頂的交接面要
記得釘上防水板。

1 先在屋頂上開約 3×2 公尺的開口。

2 窗框邊緣做好排水與收邊。

3 鋁虎窗第一次安裝完成（因中間的直桿擋住陽台，之後重新修改才換成現在的白框）。

4 電動百葉尚未安裝。

5 從鄰居家屋頂看自家虎窗，當時虎窗前方還沒有安裝遮雨棚以及小花台。

6 從屋頂上看電動百葉窗以及延伸過去的遮雨棚，右側是走上屋頂的階梯，眼前所見皆為趙哥哥請鐵工訂製。

7 百葉窗框上面再焊上曬衣桿，用來晾換季時體積較大的棉被。因為百葉窗底是強化玻璃，所以踩在上面也不用擔心安全。

IDEA

實現透天厝的無障礙空間

由於家裡偶爾會有八十多歲的母親來住，為了讓她順利上下樓，趙哥哥請人在一、二樓樓梯安裝斜向樓梯專用的升降梯，還附有遙控器。椅子平常是折疊起來的，要使用時再攤開來即可，雖然速度慢了些，不過對膝蓋不便的老人家而言真的方便許多。唯一要改善的，就是樓梯的承重問題，由於斜向的橫桿是著力在階梯上，當椅子在移動時重心也會移動，因此事後已再補強。

在升降梯軌道的著力點階梯，用五金固定階梯與牆面，可以避免椅子重心移到這段時造成彎曲。

樓梯斜向升降梯可解決膝蓋不便的上下樓問題。

▶▶ 改造預算表

工程名稱	費用（元）	費用 %
拆除	57,500	3%
泥作	309,600	13%
水電	150,770	6%
鐵工及鋁窗	395,600	16%
木作	614,000	25%
油漆	144,250	6%
電動百葉窗	56,000	3%
彩繪玻璃	54,000	2%
鍛鐵門飾及銅像	54,980	2%
昇降梯	580,000	24%
合計	2,416,700	100%

▶▶ 自家工班推薦

鋁門窗：台林鋼鋁／曾亦林
將業主想法 100% 落實為理想。
連絡：0910-065-498、02-2789-2758

廚具：哥德廚具／黃塘欽 Roger
唯有 Roger 敢接單我們廚房的 9 個不同尺寸下櫃，並完美達陣。
連絡：0932-020-474、02-2740-5000

經典多功能鋁門窗：杜年淞
天窗星光、燈光闌珊處就是我們找對的人。
連絡：0958-838-718、02-2835-5106

環境工程：羅布森（股）及史坦納座椅電梯
無瑕的施工品質。
連絡：0910-510-096、04-2372-6611

彩色鑲嵌玻璃／家飾：室諭工坊
畫龍點睛就是她了。
連絡：02-2838-4673

HOUSE DATA

汎水淩山

屋齡	40 年
敷地	350 坪（甲種建築用地）
建坪	40 坪
格局	1F 玄關、客廳、餐廳、廚房、浴室；2F 客房、起居室、露台
結構	加強磚造

[花蓮縣新城鄉▸獨棟住宅]

樹與房子緊密纏繞增生的家

前屋主在蓋房子的同時，也一起種了幾十棵樹，三十年後，汎淩買下了老房子，連樹也一併接手了。對新屋主石汎淩而言，樹與房子是一同生長、一起老去的共同體，這些宛如森林般的樹木日積月累的紮根，不但是鞏固這間老房子的根基，也代表著十年來她對這塊土地越來越深厚的情感。

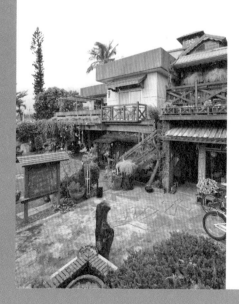

FAMILY STORY

屋主：石汎淩
興趣十分廣泛，期許自己成為生活中的魔術師。每天早上五
點就起床種菜、拈花惹草，興趣也廣泛延伸到木工、手作、
拼布、繪畫、空間改造、房子外觀設計等，是個滿腦子奇幻
魔法的藝術家及生活家。
website / www.fanlinhouse.com.tw

取材時 2010 年 1 月：汎淩 40 歲
買了地與老房子：2001 年
老屋翻修（汎水）：2002 年 6 ～ 10 月
周邊整地、綠化：2002 年 10 ～ 12 月
庭院綠美化：2002 年至今
溫室蘭花坊改造成工作室：2003 年 4 ～ 6 月
沿著老屋增建木屋群（淩山）：2006 年 2 ～ 5 月
老屋後方增建白色童話屋（新館）：2008 年 2 ～ 8 月

1＿二樓窗戶以木片取代玻璃，四周還設鐵架讓植物攀爬，
　　忍不住讓人想像公主或王子會從窗戶探出頭來唱歌。

2＿陰天時的狐尾草顯得特別翠綠，尤其是在木牆的襯托下。
　　曲線的屋簷收邊讓房子的「卡通味」加分！

還記得《蓋綠色的房子》書中靠海邊主人小林仔嗎？當我跟他請教花蓮有何奇人時，熱情的他立刻介紹老同學、「汎水淩山」的主人石汎淩。「妳竟然不知道那間民宿！很有名耶，每次要住都要排很久！主人很低調，不接受任何採訪，不過她愛死妳那本書了，應該會願意吧！」我已經習慣小林仔充滿誇飾與喜感的說詞，若他說「愛死」，很可能對方只是略有印象，通常民宿主人都滿有個性，key不對就不理人、對了可以徹夜暢談，因此是否願意與我聊聊，只能順其自然了。

貴婦的外表　粗工的內在

我們跟著小林仔的車，終於來到目的地。

「這裡有三差，交通不便、離機場近、主人脾氣又古怪。」我心想，「夠囉小林仔，她是你國中同學耶，還這樣虧人家。」但小林仔又接著說，「可是也有三好，這裡房子有創意、花園美得很自然、房間很乾淨。」原來是想對仗啊。

怪我白目，竟然挑週五打擾人家，也就是大批遊客湧入花蓮的小週末，廚房裡傳來忙碌的吆喝聲，腦海裡冒出小林仔誇張描述粗獷魁梧中年女士樣貌，內心不由得怕怕的。

沒想到眼前出現一位嬌小豐腴、有著一雙美麗大眼睛的氣質貴婦。她穿著一身低調黑色連身短裙、加上一雙黑色高跟鞋、滿頭金色捲髮，是百貨公司才會看到的打扮，實在很難把她跟這個充滿手工DIY的民宿聯想

在一起，直到見她發現我的合作攝影師是王
正毅時的表情，眼神發亮＋驚喜，這是只有
長期閱讀《花草遊戲》及《DIY玩佈置》雜誌
的讀者才會有的反應，嗯……貴婦的外表、
做粗工的內在，與小林仔根本是同一掛的。

我是森林、也是魔法師！

「抱歉，我現在腦海裡都是工作，有客
人提早來了，我會擔心房間準備好了沒……」
當時我們坐在民宿一樓的餐廳聊天，汎淩會
直接看到進門的客人，「這樣好了，到我的
工作室吧！」於是，我們移師到隔壁、客人
止步的私人工作室，裡面佈置更生活化也更
率真，感覺很棒！

工作室辦公桌的上方，掛著一個童話裡
常出現的騎著掃把的可愛巫婆，「她是妳的
偶像？」我問她。「妳怎麼知道！我一直想
要變出各種讓人開心的事物耶！像是改房子，
我前後改造過三十多間老房子，這對我而言
是很快樂、充滿成就感的事！」

我的型，我的家

汎淩接手這間老房子時，經費並不夠，
大部分得靠貸款才有經費整理，但是，壓抑
在內心深層的夢想——擁有一間自己創造的童
話夢想屋，她不曾忘記。無畏無懼、不服輸
的個性作祟，汎淩決定放手一搏。

這塊地上有許多大樹提供她靈感，民宿

1_ 房子原本的外觀及入口，都是早期傳統獨棟透天造型。

2_ 左邊的玻璃屋是前屋主培育蘭花的溫室。正前方是鄰舍。

3_ 採光走廊牆上一景，奔放的蘭花莖，自成佳作。

4_ 將磚塊以四四交錯的方式鋪陳，透水又與左邊地板齊平。

5_ 二樓露台的對外植栽從女兒牆往外還延伸出兩層，增設
   的花架是要讓大鄧伯花攀爬，女兒牆外側則種植張力十
   足的狐尾草。

6_ 在老房子與工作室之間，又塞下一間超精緻的小木屋，
   屋頂用一塊塊的木板修飾，隨著時間顏色變深、長上青
   苔。

7_ 在二樓露台增設棚架的同時，也將基礎設計成花台，讓
   爬藤植物可以直接在基柱處生長。

8_ 我最喜歡這間位於入口附近的小小木屋，尺寸大概只能
   容納一隻中型犬吧，但是超夢幻，屋頂上的青苔慢慢腐
   蝕著木頭，那是頹廢的美。

色彩以大地色系鋪陳，材質則是原木、漂流木、風化木，以及著重觸感的藤、麻等。「就算旁邊是機場，這裡也像是完全獨立的祕密森林，房子的開窗裝飾、廊道以至於露台，都跟周邊的樹木有關係，你可以繞著我精心設計的小徑，體驗樹木所營造出來的空間。」汎淩的內心就像森林一樣豐富、充滿生命力。她甚至順著樹的生長區域，又陸續增生出新的房子，這些房子的建築形態，是汎淩去模擬樹的層次與張力所具象化而成的。

除了房子的外觀造型外，我也好奇汎淩房子的內裝，異於雜誌上常看到的線板、間接燈、古典或歐式的裝潢，為何她能完全脫離這些制式風格、為何能如此獨樹一格呢？

從小熱衷於卡通裡的房子住家

「嗯，讓我想想，」汎淩似乎沒思考過這個問題，「小時候我超愛看《小甜甜》、《小英的故事》這類卡通，而且不是看主角，而是研究人物後的背景畫面，例如小甜甜身後的閣樓、小英旁邊的樹屋城堡之類，然後幻想自己住在那樣的房子裡。」可能是心想事成吧，小時的想像終於在長大後具體實踐了。

想要的就身體力行去爭取

「我擁有的東西是我爭取來的。」唸幼保科的汎淩，並不擅長畫專業的施工圖，她都是靠著草圖及現場「執導」，「我的腦海

裡面已經有很鮮明的架構，我對比例、尺度很敏感，可以直接跟師傅說階梯做多高、地板升多少。」

　　當初其實很擔心會經營不善，「剛開幕一、兩年時我也很怨啊，我如此豐富創意的巧思，照理說應該一開幕就很紅啊，但怎麼沒有雜誌或電視來拍？為什麼沒有人肯定我？」懊惱了好一陣子，兩年後，住過的客人口碑相傳，甚至每年重複入住多次，她聽到越來越多的讚美與肯定，這才曉得之前不是人家不肯定她、而是根本不知道她。

1_ 沿著工作室延伸出來的磚牆搭配舊的木門，裡面是工作室裡的玻璃和室區。

2_ 窗戶外側的藍色鐵捲門，用漂流木將它遮住修飾。

3_ 一樓室內客廳與餐廳之間原本有隔牆，將這區的隔牆打掉，另外在玄關處立新的牆，等於走進來必須先轉個彎才可以看到底。

4_ 在不同的角落，汎凌可以忙不同的事情，分別是辦公事務、窗邊織毛衣圍巾、玻璃屋頂下畫圖寫生、小桌子旁手作裁縫。

5_ 我很喜歡汎凌的私人工作室，從外面看是私密的，從裡面卻可以看到外面的一舉一動。各種尺寸的空心磚構成桌腳、矮牆或與櫃子混搭。

1

1_ 沿著老房子左側蓋出來的木屋群，有的客人說裡面高高低低像是哈比屋，我覺得這是汎淩在施工現場直覺創造出來的空間扭轉，行走其中會童心大發。

2_ 低矮、彎腰、鑽、閣樓，汎淩想要在這裡詮釋樹屋的空間特色。

原來我正過著人家不敢奢望的夢想生活

汎淩目前穩定支付購屋貸款，不過庭院的綠化仍是筆龐大的定期花費，但她並不覺得這是沈重的負擔。「有的客人跟我說，我做的正是他們要的，他們各自有不同的代名詞，諸如祕密基地、夢想屋、哈利波特屋、樹屋……」汎淩說，「可是他們目前都還是在『想』的階段，因為種種原因，不敢奢望；有的人則是遺忘了，來到我這邊才憶起他們曾經有過這樣的夢想。我很慶幸我三十四歲的時候就能開始做自己想做的。」

很多夢想會因為「等到……的時候再說……」而被遺忘及隱藏；有時就是一個決定，無畏無懼地做了，也許實現與失敗的機率各半，那又如何？至少 try 過。

對汎淩而言，幸福不是無事一身輕，而是建構出腦海中不斷冒出的新靈感。雖然因為房子而持續負債中，但肯定她的人自然會持續來住宿，就連農曆年過後的非假日依舊客源不斷。雖然累，但問她心情如何？她現在毫不猶豫地在0.01秒內回答：「很快樂啊！」然後再調皮地補上一句：「幸福是自己創造的！」

改造現場

童話般
歐洲鄉村小屋

2008 年 7 月完成的新館，據汎淩的說法，主要靈感來自一扇窗戶，從而延伸出融合歐洲鄉村的房子；但我個人覺得這棟房子更有汎淩自己的特色，有著卡通裡面才有的房子比例和童話純真感。

1 在老房子後面，汎淩於 2007 年新建的閣樓童話屋，每一間都不同，外牆則用水泥手抓出一顆顆的球體，遠看十分立體。

2 樹林再密一點，這道門就像是白雪公主所看到的小矮人的家門了。汎淩並非照抄卡通的房屋樣式，而是做出卡通房屋的特色精髓！

3 汎淩說，這些新房子都來自這扇窗。當時做好窗戶之後沒有它的歸屬角落，於是就決定再貸款蓋一間房子給它，注意到了嗎？下面的花台右邊有一隻蝸牛正在散步喔。

4 新房子的斜屋頂直接對著床頭開天窗，選個好天氣，晚上睡覺就可以伴隨星空入眠。

▶▶ 改造預算表

工程名稱	費用（元）	費用 %
整地 *	200,000	6%
拆除工程	70,000	2%
泥作	460,000	14%
水電 **	350,000	11%
木作（含材料費）	800,000	24%
鋁窗	60,000	2%
空調 ***	180,000	5%
家具	250,000	8%
防水	60,000	2%
油漆	70,000	2%
庭園綠美化 ****	800,000	24%
合計	3,300,000	100%

* 含六棵大樹的移植。

** 含衛浴、水塔及過濾器。

*** 五台不同坪數的空調安裝在客房裡。

**** 每年還要再花費 100,000 元用於保養、資材更新等。

莊稼熟了

屋齡	42 年
地坪	60 坪
建坪	50 坪
格局	前院、玻璃屋、戶外廁所、小廚房、小吧台、用餐區、工作區、客房、客房衛浴
結構	（舊）1F 磚造、（新）2F 及閣樓木構造＋輕鋼構

[台東縣池上鄉 ▸ 獨棟住宅]

33 歲開始，面對自己、開心生活

人生通常的公式是，畢業或當完兵後至都市打拼，慢慢習慣一種都市罐頭式的生活，很少人在三十幾歲回鄉的。很多人想、很少人做。然而這篇故事的主角魏文軒，就是個勇敢的黑狗兄，在開始第一份工作前，就期待著「早一點回池上」的人生計畫，積極累積社區營造經驗，同時身兼父親、丈夫、農民、民宿主人、社區營造總幹事與教會傳道等多元角色的生活。

FAMILY STORY

屋主：魏文軒
文軒目前為台東縣池上鄉萬安社區發展協會總幹事、「掌生
穀粒」教會的傳道，以及「莊稼熟了」的民宿主人，同時也
自行耕作稻田近二甲地。
email / wei6651@yahoo.com.tw
blog / www.wretch.cc/blog/wei6651

取材時 2010 年 1 月：文軒 35 歲、素青 35 歲
全家從台中搬回台東老家：2003 年
學種稻、務農：2003 ～ 2004 年
改造老房子（一樓）：2004 年 6 ～ 10 月
參與萬安社區營造：2004 年至今
經營民宿：2005 年 1 月至今
二樓新增四間房：2007 年 4 月～ 2008 年 3 月

1 _ 老房子本來的樣子，圍牆是緊臨著馬路的，由於深愛園藝，因此綠化做得很不錯。

2 _ 天氣好時，下午從室內往外面看整片綠意稻田景色。

「我覺得家鄉真的很美、很靜，當心累的時候，最常想到的是『回池上』。」魏文軒是個眷戀家鄉的人，「我退伍之後，接著開設計工作室，工作很順利，業績上揚的曲線，卻止不住想回鄉的心。」

人生不過就是這樣

十五歲隨父母離開池上，直到碰到九二一大地震，「震後去探望家人，看到驟變的一切，想想，人生難測的事真多，想回家就回家吧！趁年輕！」趁著手邊工作處理告一段落交接後，勇敢的黑狗兄踏上回家的旅程。

回鄉第一件事，學做田！

2003年全家搬回池上後的第一件事，就是學種田。家裡田地多年無人耕種，好處是這些地反而都變乾淨了，沒有什麼農藥殘留。他先從除草開始，當時池上一帶已經有許多有機農耕的經驗，因此在學習上很快就趕上進度。也因為周遭的農田大多都是有機種植，因此也不用擔心噴灑農藥紛飛及灌溉的問題。一旦上了軌道，不但自己的田有了收成，連親戚閒置的田也交由他來代耕。從家門口放眼望去，盡是一片綠油油的稻田，稻田的盡頭則是中央山脈支脈。

改造老房子前先累積備料

回家種田的第二年，在社區當志工的太太和他希望將阿公的老房子整修改造，因為希望藉此告訴當地的老人家，老房子也有新生命，請珍惜社區中的老房子。文軒國中前都是住在阿公家，有許多生活的記憶都留在這棟房子裡，捨不得、也珍惜。雖然剛回鄉時忙著種田，有機會也開始搜羅尋找材料，「最關鍵的是找到一批工程剩餘的火頭磚，總共一萬兩千多塊，老闆每塊才算2.8元，真是開心！」那樣的行情約是現在普通磚頭的價格，而坊間火頭磚一般行情約在5至6元，所以文軒幾乎是以半價購得，房屋的風格也就此抵定。

阿嬤的灶變成立體音響

利用這些火頭磚，將老房子右側的外牆打掉一部分，並延伸出一段玻璃磚屋，傍晚時，陽光透過玻璃照射進來，讓採光延續到房子深處，玻璃屋頂上種植紫色大鄧伯花，很是浪漫。更妙的是，文軒將阿嬤用來煮飯的灶改造為音箱，將普通小音響喇叭放進去，音效出奇地立體！現場播放音樂時，還以為房間角落都預埋了小音響呢！

沒想到完工之後，在友人建議下，文軒從原本自用的目的，變成很多人參觀、住宿的民宿。「算是巧合吧！」文軒笑說。

當時，文軒除了務農外，也是一間小教會的傳道者、池上萬安社區發展協會的總幹

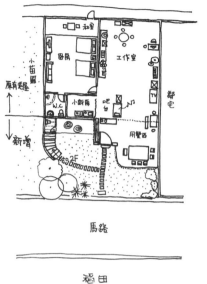

莊稼熟了 1F示意平面

1＿ 這批漂亮的火頭磚是得自工廠低價清倉的工程剩料，素青嘗試以玻璃及木材搭配出來的好效果。

2＿ 將阿嬤的灶拿來當音箱的構想應該是史無前例吧！用檜木的桌球桌板及老灶頭組合出來的音箱，聲音傳遞出立體的音效，十分柔美！

3＿ 運用不同的地板鋪面，表達出空間的新與舊。圖中的紅色櫃子，是在親戚家已經倒塌的老房子中挖出來的寶。右邊的那扇門後面是阿公原本的臥室。

1 _ 文軒和素青有大量的藏書。兩側維持漂流木原本的姿態，成了書架兩邊的支撐柱，穩固且有韻味。

2 _ 房間浴室的天花板是文軒以前讀的小學學校拆下來的窗框組成，透光又有趣。

3 _ 將窗戶的玻璃換上鏡面，就是可以使用的化妝鏡了。

4 _ 鍛鐵扶手欄杆，也是用火燒、趁熱的時候扭轉而產生的曲線造型。

5 _ 二樓前段的半戶外空間，做為喝茶聊天用，視線所及是一望無際的稻田景色。這些書桌椅都是學校汰舊時買回來的。

6 _ 樓梯細部的處理，運用大型螺絲及特別訂做的五金角片固定，使樓梯就像一棵大樹。

7 _ 支撐著閣樓的是幾根自然線條的老檜木。坐在這裡可看到閣樓房間下半部，房間裡的人也可透過窗戶看出來，很有趣的小設計。天花板上的木桁都來自新莊老紡織廠。

8 _ 樓梯以不鏽鋼鐵板及回收木料製成，為了不讓樓梯的量體看起來太重，素青採用了交錯階梯的方式。

事，雖然忙碌但還算善於調配時間，而民宿通常也是週末及假日較多人來訪，於是將自家自產的池上米及體驗活動發展為民宿的特色。「你們是客家人？」我問。「對啊，台東的萬安社區居民27%都是來自西岸新埔的客家人，我們是第四代了，有點像是美國的西部拓荒、先搶先贏的意味，我們曾祖父那一輩就是這樣翻山越嶺而來的。」

　　一樓空間雅緻，相較於池上火車站附近的民宿，這裡的客人更能深度漫遊池上，體驗池上米農的生活模式，住過的客人大多會「黏」上這裡恬靜的生活，一年來個兩、三趟都有；有的固定過年來住宿，文軒也和他們成了朋友。

禁止外來移民田中蓋房子　破壞視野

　　專門販賣萬安社區有機米的稻米原鄉館，有了許多單位機構及旅人的肯定，當地農民開始把生產有機米視為一種成就與光榮，而非差事。

　　與此同時，有些外來移民看中社區平坦廣闊的稻田，想要跟當地農民買下中間幾分地蓋房子，以便自己能享受寬闊平整的自然風景。「他們在享受的同時，卻傷害了別人的視覺，別人怎麼閃都會看到他的房子，同時房子排放的污水也有可能污染周遭乾淨的田地。」說的也是，雖然有些人可能覺得自己的房子一定很有設計感，但時尚、低調等等風格也許很美，破壞自然景觀倒是唯一不

1＿二樓的焦點──不只是個樓梯，還是用回收材料創造的藝術品。中間柱子與階梯是台灣檜木、扶手是很硬的樹幹、鐵桿則是撿來的。樓梯後面是矽酸鈣板搭配斑駁手工漆法，營造出老牆的表面，是由素青親自操刀。地板則是架高的水泥板，以便跑管線。

爭的事實。何況社區裡荒廢的老屋這麼多，所有的房子不論新舊都蓋在外圍，外來移民實在不該再破壞平整的稻田地景線條，因為當地居民要為他分攤的視覺成本太高了，而且有一就有二，一旦這樣的自然平原景觀消失，就再也回不來了。

利用老工廠桁架增建二樓與閣樓

第四年，文軒和太太素青決定要在老屋頂部再增建喝茶的平台和小棚架，很巧的，又聽朋友說新莊五十年的紡織廠面臨拆除，裡面的上好木頭桁架近百組，於是挑了其中54組桁架，也沒有拆開，就直接租用板車千里迢迢從新莊拖到台東。那麼要拿這些桁架做什麼呢？文軒開始把主意動到屋頂上，原本的平台小棚架變成正式的二樓及閣樓，民宿瞬間多了四個房間。從拖板車到用舊料來蓋二樓，而且絕大多數的工程都是全家人一起進行，後來鄰居們都覺得這個年輕人的想法還真不錯。

「早期的房子蓋得都很紮實，我們的牆很厚，由兩道磚砌成的。」文軒施工中才深知早年建築老師傅的手工。加上文軒平常陸續蒐集了一些材料，諸如漂流木、紅磚、磁磚、刺竹、電線桿等當地的素材，於是，二樓就以木桁架跟幾根台電電線桿為主體結構，樓板則是用輕鋼構。結構很輕、有味道且牢固。一根C型鋼由前到後就長達七、八公尺，再搭配磚造牆面混搭而成。「台電早期的電

線桿是木頭製的，很高而且泡過油，不會腐爛，拿來當結構柱也不成問題喔！」通往二樓的階梯設在戶外，若從馬路對面看過去，十分有趣，且採光及通風都很棒。

　　身為基督徒的文軒與素青，將民宿命名為「莊稼熟了」，是引用自聖經，卻也吻合了身為農夫、看到稻子熟成時的歡喜感受。

　　因為不想一輩子當上班族，現在有越來越多年輕人、中年人回鄉務農，或者SOHO族在近郊租下一小塊田耕作自己食用的作物。帶著新的觀點與趨勢，年輕一輩是以微笑、對環境友善的方式來耕作，同時也將觀點蔓延至社區營造或相關產品的行銷上。或許你可以趁著放假來台東找文軒、素青聊聊，說不定下一個快樂農夫與民宿主人就是你喔！

1_ 為了讓樓板下的小圓木斷面可被欣賞，末端並沒有在 C 型鋼處就收掉，而是將木頭挖出小段凹槽，讓 C 型鋼嵌進木頭。

2_ 小朋友很容易就在這個可抓可爬的樓梯處玩了起來。

3_ 客房上層的鍛鐵欄杆，是在現場邊折邊鍍的，所以與漂流木交接的尺寸剛剛好。

IDEA

閣樓浴室

要在閣樓「生」出兩間浴室，是個不小的挑戰；空間坪數有限且不能影響到二樓的空間順暢度，以及沖澡排水時不能讓聲響太過明顯，因此光是地板的厚度就設了好幾層。

1 閣樓浴室是母子倆的合作成果，媽媽負責大面積上漆、小朋友負責修飾邊緣。

2 兩間浴室一間是蘋果綠、一間是番茄紅，小空間卻有好美感。

3 從二樓看，這塊白色突起的空間上方就是閣樓的小衛浴。

1_ 順著螺旋梯所繞著的紫薇往上走到閣樓，往外看，新莊老紡織廠的老桁架被重新置放在此，不只是老物件，更有被重新使用的支撐意義。

2_ 閣樓的地板就是二樓的天花板，是由回收的板材拼接而成，厚度約 4.5 ～ 4.8 公分，再搭鋼構及木桁支撐，故可一面兩用。屋頂夾有發泡棉，以避免雨滴太大聲。

IDEA

表面材質處理自己來！

文軒與素青的色彩平衡感極佳，你幾乎不會看到同樣的牆面或地板在不同空間出現，但是又不會太過於眼花撩亂，因為色系都經過演練及計算。透過自己營造出來的效果，不但有個人特色，也很有成就感。

1 塗抹水泥的時候就運用鏝刀創造出不同的厚薄及曲線，營造牆面的立體感。

2 直接用矽酸鈣板的原色當表面，每塊隨著時間與溼度有不同的效果。

3 在矽酸鈣板牆上不均勻的推上白色批土後，再用鏝刀隨性刮出線條。

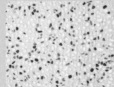

4 浴室較需要防水的部分，磚牆建好後，上方抹白水泥、再埋上洗石子。

5 將打破的磁磚重新拼貼在牆面或地上，也是另外一種變化。

6 將白色的卵石用水泥固定之後再刷白，圓形的凹凸表面常會吸引人去觸摸。

不怕太陽曬的
玻璃屋頂

從老房子延伸出去的玻璃磚屋,從室內看,天花板是玻璃鋁窗,不過為了安全、隔熱及防止漏水,在玻璃屋頂上方約 35 公分處又多架一道花架、並種上大鄧伯花。透過波浪板與玻璃屋頂之間的空氣層,加上下方可以任意開窗,即使夏天,也不會有傳統玻璃溫室悶熱的窘境。

1 右側的玻璃磚屋,窗戶是回收學校舊有的檜木窗框,早期材質都頗厚實,上漆後有種懷舊感。

2 從室內看玻璃屋頂,是鋁製的大型玻璃鋁框架,電線與照明沿著框走明線,安全但費工。

3 近看玻璃屋頂與浪板之間,是用細鋼條撐起,且上層比下層外突一些,可避免雨水噴濺太多到玻璃層。

4 一樓剛改造完成、大鄧伯花還沒種,可以看到玻璃屋頂與浪板的結構狀況。

▶▶ 改造預算表

工程名稱	費用(元)	費用%
整地	200,000	25%
拆除工程	50,000	6%
泥作	200,000	25%
地磚	60,000	8%
水電	80,000	10%
鋁窗	120,000	15%
木作及家具	50,000	6%
油漆	40,000	5%
合計	800,000	100%

HOUSE DATA

安樂居（Angel's House）

屋齡	23 年
敷地	2.3 分地
建坪	60 坪
基地分區	車庫、葉菜類栽培區、禽區、根莖類栽培區、果樹與散步區
格局	半戶外前平台、客廳、餐廳、廚房、書房、客房×3、共用衛浴、和室、主臥、主臥衛浴、洗衣間
結構	加強磚造（基礎深達三層樓）

[南投縣竹山鎮 ▸ 獨棟住宅]

結廬在人境
日日是好日

「身處亂世，只圖苟全，不求聞達，終日與綠茵、鳥鳴、清風、鄉情、小外孫為伴，自在開懷。入夜，或備課、或小酌、或陪小傢伙看 Diego*¹，十足快活。」

自許為現代陶淵明的林吉郎老師，透過生活、改造後的房子與土地，持續實踐著「耕·讀」哲學。

FAMILY STORY

屋主：林吉郎
竹山人，現任暨南大學公民社會研究中心執行長、暨南公共
行政與政策學系副教授。興趣為社區營造、螢火蟲復育、音
樂、讀書、務農。
blog / tw.myblog.yahoo.com/victor0820
阿羚 OS：部落格內容十分精彩，尤其喜歡音樂賞析及鄉居記趣的單元。

取材時 2009 年 12 月：夫 57 歲、妻 55 歲
結婚：1977 年 10 月
開始蓋屋：1986 年 7 月
完工：1987 年 3 月
老大出生：1979 年 2 月
老二出生：1980 年 9 月
開始至大學任教：1995 年 12 月
開始參與社區營造：2000 年 8 月
二次翻新：2008 年 4 月
屋頂更新：2008 年 4 月
外牆水泥敲除重鋪：2008 年 5 月
一區菜園鋪設枕木與卵石：2008 年 10 月
改造完成：2008 年 10 月

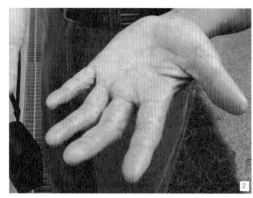

1_ 這是林吉郎老師親自動手鋪成的一區東側菜園，裡面的
建構素材包括枕木、卵石和一卡車的土！

2_ 因為長期用鋤頭除草務農，林老師的手已脫皮長繭。

下了好幾天的雨，太陽終於冒出來了，決定開車到竹山拜訪林吉郎，一位名字很日式、電話裡笑聲十分朗爽的老師，目前在暨南大學與中國醫藥學院擔任副教授。因為居住的地方不好找，先約在竹山地政事務所，他再騎機車前來帶路。經過一條車寬的田間小徑之後，終於抵達林吉郎老師的家。

經濟起飛年代，蓋屋堅持不跟流行

在廣場停好車後，首先看到的就是一棟ㄇ字型的建築物，由於才剛全面翻新一次，所以看起來就像新蓋的一樣，其實前身早在1987年就蓋好了。「當時我父親極力反對，那時候大家都流行蓋兩、三層樓的方正透天，而我仍堅持蓋一層樓的平房就好。入厝前一天他來看，倒是頗為滿意呢！」林吉郎估計兩個孩子長大後會離家到都市工作，建坪六十坪就綽綽有餘，再多蓋一層樓不僅清掃不方便，以後年紀大了也根本不會到二樓去。然而，就算只蓋一層樓，還是規劃了四間客房、一間主臥呢！二十年後，因為屋頂與廚房一側的牆面開始嚴重漏水，於是在2008年四月決定保留主結構，進行屋頂、外牆、室內裝潢、戶外景觀工程及生態池等翻修整理。

生態溝減少小黑蚊生存環境，調節微氣候

當天雲層頗厚，趁太陽還沒下山，林老師先帶我繞外面一圈。房子座北朝南，翻修

後，房子門口架設遮雨棚，營造出半戶外空間，房子對面則增加了一條木造景觀欄杆，欄杆外是別人的甘蔗田地，不過緊臨著欄杆處有一條生態溝。

「這條生態溝原本是田埂之間的排水溝，裡面長滿雜草。在今年夏天之前，你我是不可能坐在門口棚架下聊天的，因為這裡盛產小黑蚊*²，手伸出來就一窩蜂圍過來叮，我們都不敢在戶外久待。」林吉郎老師說，「後來經過甘蔗田地主同意，我把這條田埂排水溝比人高的雜草清乾淨，然後溝底稍微夯實，做了幾道小攔壩，加水、再種上蓮花、荷花，養幾隻大肚魚在裡面，沒過多久，生態溝就吸引了不少青蛙。」這個原本充斥著小黑蚊的地區，因此而減少半濕不乾的潮溼

土壤，很快的，小黑蚊的數量被明顯抑制，夏天屋前的涼爽度也增加，我們在遮雨棚下悠閒喝著梨山茶聊天很舒服，鮮少受到叮咬。

沒有除草機，如何整理兩分地？

林老師的基地是狹長型的2.3分地，房子位於右前端，穿過房子之後就是老師務農與散步的狹長基地。基地長約一百公尺，在房子翻修前並沒有特別整理，沒有路徑、長滿了比人還要高的雜草叢，現在則局部清除乾淨，闢出沒有雜草的「土壤步道」。

「那您是用背的還是推的除草機呢？」我問。結果沒想到答案讓我十分驚訝──「我沒有除草機，整塊地都是用鐮刀慢慢除，先

1_ 從高處的水池自行開挖出一條小溝，引水灌溉至下游生態池，周邊種植挺水植物，做為山窗螢成蟲棲息的環境之一。

2_ 從鄰近的荒地移植過來的山窗螢幼蟲，就在這處種植山蘇的安靜、潮溼的環境安穩成長。

3_ 自己種的菜，有機、香甜，吃久了胃口會被寵壞，不習慣吃外面的菜。

4_ 兩側別人的土地上覆蓋了綠癌，會讓植物窒息的外來侵略種——小花蔓澤蘭。

5_ 長條形基地兩側成為白天慢跑、晚上赤腳散步的幽幽小徑。這小徑是林老師用鐮刀與鋤頭開出來的路，基地原本狀況跟圖中左右兩側一樣長滿高大野草。

6_ 趁裝修時在屋簷下方新開一個通風口，使室內的熱氣可以流出。

把雜草的莖葉部分砍掉，再用鋤頭將雜草連根翻起，整個除完可能要花上一個多月。」如果到現場繞著基地走一圈，再看看兩側別人土地上的雜草，真的讓人很佩服老師的毅力、腰力與勇氣！因為除草有時會碰上蛇或蜜蜂，蛇通常會很識相開溜，而被蜜蜂咬到可就不好受了，「很痛很痛……不過往好的方面看，被叮之後的十幾天，肌肉都不會再酸痛喔！」看樣子老師真的已經被叮出經驗來了。值得一提的是，割除下來的雜草並未被丟棄，而是集中在中間讓它乾掉成為農作的覆蓋物，不但可以保護蔬菜周邊土壤不長雜草，還可以保水、提供有機質。

與土壤的肌膚之親

　　清除乾淨的土壤步道，是屬於黏土土質，赤腳走在上面十分舒服。「有時候晚上睡不太著，就與太太一起赤腳在土壤步道上散步，釋放靜電，有助於睡眠。」除了釋放靜電還有身心靈上的滋養，短短一百公尺，白天是林老師的慢跑練習場，他已經跑了四十年了，每天固定跑個五至十公里。另外，土壤也有吸收二氧化碳的特質[*3]，讓這個區域空氣新鮮；晚上則是夫妻倆聊天散步的浪漫小徑。有時候散步長達一個小時之久，走走停停、聆聽周遭的蟲鳴、蛙叫，還可以欣賞滿天的星星，若是天上有烏雲，還可以欣賞地面上的星星！

擔心棲地受污染　自行復育山窗螢

　　地上的星星！沒錯，老師家有復育螢火蟲喔！「我家基地末端連著別人荒蕪的農地，上面已經長滿雜草，然後緊接著是工廠。有一次和太太月光下散步，很意外發現這處農地有幾個漂浮的黃綠色小光點，後來才知道那是山窗螢[*4]。」螢火蟲很注重水質與靜謐，夫妻倆擔心這塊緊臨工廠與馬路的棲地無法讓山窗螢成功繁衍，剛好鄰地是一塊很久都沒有處理的檳榔園，隔天入夜便試著從農地找到幾隻山窗螢幼蟲，將牠們移到檳榔園旁邊的乾淨水域，這裡還有很多小螺，是山窗螢幼蟲的最愛，沒多久，成蟲也被幼蟲吸引過來。「晚上，我抱著小孫子坐在圍牆上數

Green Point

雜草變身有機料！

林老師將本來是比人高的狹長雜草叢，清除乾淨成為可以赤腳散步、享受身體與大自然「零距離」的「土壤步道」後，這些大量割除的雜草並未成為廢草，而是集中堆放待乾燥後，就成為農作的覆蓋物，不但可以保護蔬菜周邊土壤不長雜草，還可以涵養水分、提供有機質。

將除下的雜草風乾之後，覆蓋在蔬菜幼苗旁邊，可兼保水、提供有機質、防雜草生長等功能。

走在自家的土壤步道上，許多美與驚喜總是讓林老師與太太停留片刻，短短小徑走完竟也花上一小時。

1_ 進門之後的客廳，改造後變得很清爽，是單純看電視、全家聊天的空間。

2_ 家中臥房共有五間，足以容納孩子與孫子同時回來，根本不用再蓋二樓。

3_ 改造前是不常使用的倉庫間，改造之後成為書房，從窗外望去的綠意總是讓林老師心曠神怡。

4_ 從客廳望向門口的遮雨棚平台，綠意滿溢。

5_ 戶外遮雨棚下，是林老師招待客人喝茶的最棒空間。

6_ 夕陽下的牛皮書寫板與擠滿書的書架，誰料得到這位雅士每天至少慢跑五公里、用鋤頭耐心經營他的兩分地？所謂「耕讀」就是如此吧？

螢火蟲，還有人稱我和太太為螢火蟲阿公阿嬤，哈哈！」

下雨天就在家中迴廊慢跑

走進房子裡，最引人注意的，也許是整個動線的規劃吧，林老師以客廳為中心點，主動線圍著客廳形成一個迴圈，再串連至其他房間裡。這個迴圈不僅讓居家動線十分流暢，在雨天還扮演重要的角色，「下大雨我就在家裡慢跑，順著這條循環的動線，照樣可以跑個五公里。」不知道林老師的家人會不會頭暈，不過這真是個十分有創意的idea，不但省下慢跑機的錢和耗電，也不用一直盯著牆或電視看。

耕、讀，知足

　　對林老師而言，讓他倍感珍惜的是「人與土地」的關係，「當然也有辛苦的一面，寒流來襲也要幫作物澆水；一開始要面對來不及採收就被蟲吃光的蔬菜……但經驗累積久了，看到作物的成長，你會更珍惜這塊土地。」林吉郎開玩笑說，「也許是因不用農藥、化肥，而用親戚提供的羊糞做為主要肥料，我們家的菜、芋頭、蔥蒜都好香好甜好好吃，我們胃口都被寵壞了，到外面餐廳或者從市場買來的菜，吃起來都不太習慣。」

　　林老師是「發自內心」瞭解知足常樂，言談中他好多次「忍不住」嘆到自己現在好幸福，感觸之深只有苦過來的人才有辦法體會。「小時候家裡很窮、生活很苦，為了收入只好當軍人，然而在從軍期間，即使是擔任忙碌的指揮官，透過嚴謹的時間管理，我終究取得了博士學位，之後透過機緣脫離軍職到大學任教。」林吉郎邊泡梨山茶邊回想，「我發現，人生是由自己來創造條件的。down to the earth，我赤著腳在土地上耕作，體會到真正的『腳踏實地』是什麼，這也多少影響到我的人生觀。」陶淵明的「耕讀」，耕作、學習、心滿意足，林吉郎老師正也如是的實踐著！

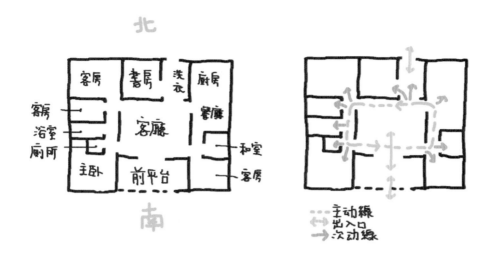

*1 一部英文卡通，主角 Diego 家裡開了一間動物庇護所，每集都有不同動物遇到危險需要 Diego 去拯救，是一部大人小孩都極為著迷的卡通。

*2 小黑蚊（台灣鋏蠓）俗稱黑金剛，喜歡在陰溼處棲息。牠並非蚊子，成蟲體長約 1.4mm 而已，極難防禦，被牠叮咬後奇癢難忍，有些人甚至會過敏。

*3 健康、有機耕作、沒有農藥與化肥的土壤，如同碳的儲藏室。若全英國農地全改為有機耕作，每年將有 320 萬噸 CO2 被土壤吸收，相當於一百萬輛車停止排放的廢氣量。

*4 山窗螢是國內體型最大的螢火蟲，自幼蟲階段就會發光，雌性體型近 3 公分，喜歡無光害、無農藥噴灑的陰涼潮溼棲地。

1_ 為了降低溼氣，室內地板抬升，並沿著牆壁四周設排水溝，大雨時可以瞬間吞納大量雨水。

2_ 可以遮雨與遮陽的雨遮，底側還設置黑色滴水線，避免雨水流進窗口。

3_ 原本從客廳走下階梯就是戶外，加裝遮雨棚後，成為林老師招待客人喝茶的最棒空間。

Green Point

大塊土地的有效規劃

在長條形的兩分地上，以距離房子的遠近做為主要的規劃重點，離房子最近設為一區，種植每天都要照顧、避免被蟲吃光的短期蔬菜；二區則是每天都要去丟飼料、兩三天就要去找蛋的養鵝區；三區離房子較遠，是不用太照顧、自己就長得不錯的根莖類蔬果，如油菜、甜菜根、芋頭、蕃薯、白蘿蔔等，林老師尤其對自產的芋頭讚不絕口；四區則是種植不須花心思、季節性採收的果樹及觀賞樹種。

一區東側菜園：較少陽光直射，種出肥美香甜的高麗菜。

一區西側菜園：在十一月種了須常照顧的蘆筍、茄子以及快被蟲子吃光的小白菜等。

三區菜園：離房子較遠、種植根莖類蔬果。

二區鵝蛋、雞蛋區：在房子圍牆後方、也是太陽西下時會照射到的地方，飼養鵝、雞，鴨，不但會看家，所產下的蛋又香又大。

四區果園：離住家最遠也最大片的第四區，主要種果樹如香蕉、柑橘類以及經濟木材桃花心木為主。之所以會種桃花心木，主要是長年下來發現它是這塊土地上適應最佳的喬木。

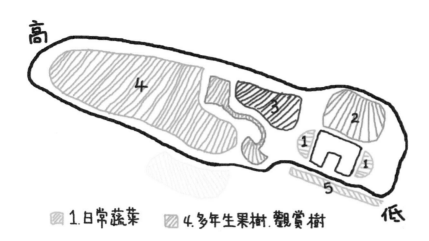

🔲 1.日常蔬菜　　　🔲 4.多年生果樹.觀賞樹

🔲 2.鵝蛋.雞蛋　　　🔲 5.生態溝　　　🔲 水池

🔲 3.根莖類　　　　　螢火蟲復育區

▶▶ 改造預算表

工程名稱	費用（元）	費用%
打壁工程	12,000	1%
衛浴設備	80,000	2%
氣密窗 / 採光罩 / 鐵門工程	550,000	13%
屋頂換新工程	700,000	16%
磁磚	500,000	11%
廚具設備	200,000	5%
院子填土	50,000	1%
土水工程（泥作、地基）	630,000	14%
木作工程	700,000	16%
窗簾工程	15,000	1%
家具	300,000	7%
景觀工程	120,000	3%
戶外木扶手工程	150,000	3%
油漆	60,000	1%
其他	283,000	6%
合計	4,350,000	100%

▶▶ 自家工班推薦

土木師：黃萬恭

竹山第一流師傅！

連絡：049-264-5988

裝潢師：張建銘

細心、講究的裝潢師傅！

連絡：0921-645-988

龍井紀宅生態建築

屋齡	11 年
敷地	450 坪
建坪	100 坪
格局	前院、前廊、玄關走道、客廳、起居室、和室、客房 ×2、廚房、母親房、衛浴 ×2、大中庭、小中庭 ×2
結構	加強磚造

[台中縣龍井鄉▶合院]

被動式設計屋
(Passive House)

這間房子讓人很驚喜，因為超有料！它是被動式設計概念的住宅，結合台大城鄉所教授的理念、屋主兼監工者的專業、及六兄弟的孝心。針對環境氣候、機能、科學、家族鄰里等綜合思考的好宅，而且過程由全家人、老師與學生共同參與。採訪過程中分別來到龍井訪問老五、在台北木柵訪問全程監工的老六以及台大劉可強教授，將整個故事與機能拼湊起來。任何人想要蓋間舒服又有氣質的房子，都可以參考紀宅重建的過程！

FAMILY STORY

屋主：紀何端（阿嬤）

紀家六兄弟的母親，龍井人，專長編草帽、挖蚵、曬穀……一生坎坷。從小生長在極度重男輕女的家庭，十歲就被送去台糖做工，十六歲在毫無預警的狀況下被母親訂定婚約，地點是她最不想去、當時又臭又髒的蚵仔寮，而且是長輩同住的大家庭，哭了三天三夜始認命，幸好先生頗為疼惜，二十歲開始陸續生下紀家六兄弟，直到孩子都成家立業才開始安享天年。

取材時 2009 年 11 月
早年所建只有東廂的單伸手合院：1950 年
老房子狀況不佳：1997 年
委託建築與城鄉發展基金會：1997 年 9 月
討論、角色扮演、參與式設計、模型：1997 年 9 月～1998 年 2 月
拆除老屋：1998 年 11 月
原地重建施工期：1998 年 12 月～1999 年 8 月
完工入厝：1999 年 8 月 31 日

1_ 在容易產生迴風的地方種樹，也可以攪弱風的路徑及強度，而為了確保無虞，搭配多層次植栽會更有效率。

2_ 天氣好的時候，阿嬤喜歡待在門口的前廊下曬太陽、和路過的鄰居打招呼。

在一次天氣晴朗的午後，我和友人 Nancy 沿著台 17 線來到龍井鄉，在火力發電廠附近，拜訪了 Nancy 的鄰居紀先生（排行老五）的老家，目前主要是阿嬤居住。紀宅是這附近少數的現代平房，周遭要不就是沒有住人的破舊三合院，要不就是現代的三、四層樓獨棟透天。

紀宅家裡鋪著紅褐色的方形陶磚，午後的陽光透過木格子窗灑在地上，我忍不住把鞋子脫掉，讓腳底享受陶面的溫潤觸感，這是第一個友善印象；在紀宅裡面走動，想要聊天或停下來觀察，隨時都有舒適的窗台可坐，這是第二個友善印象；第三個友善印象，則是可愛健談的八十歲阿嬤、以及接下來與我分享房子重生故事的紀先生……

六兄弟的孝心　成就了體貼阿嬤的好房子

五十年前父親在這塊地上蓋了傳統一條龍合院，房子陪著六兄弟長大，直到他們都離家到都市工作、成家立業。之後父親過世，留下母親一人住這兒，長年海風侵蝕的房子加速頹敗，甚至到了影響安危與舒適的程度。

原本六兄弟想要輪流讓母親到各自家中居住，但母親希望待在龍井，那裡有她熟悉的鄰居、親戚和周邊環境。經過一番討論，決定將很難局部加強的老房子拆除，在原地改建新房子。鑑於六兄弟各有自己的事業，每次六個人都要聚在一起討論的機會很少，房子的設計討論就全權交給老六紀瑞棋策劃及監工，所有的費用則由六兄弟平均分攤。

堅持延續舊家形態　串起未來

　　房子要重建，六兄弟都希望延續房子以前的平房形式，不打算蓋二樓以上，鄰居親戚都覺得不可思議，「鄰居笑我們又不是沒錢，難得要蓋、當然要蓋氣派些啊，怎麼會蓋平房呢？他們一直勸說，但是我對不通風又不美觀的鄉下水泥洋樓實在沒興趣，我堅持這間房子一定要設計得舒適、通風，我們覺得這樣才不會完全切斷跟舊房子的關係。」

　　一般人改造房子會找建築師或者室內設計師，老六自己就是室內設計師，卻仍透過夏鑄九教授的介紹，找了台大建築與城鄉研究所劉可強教授為他們設計。

阿嬤不喜歡吹冷氣

　　劉可強通常做的都是大型公共案，原本打算婉拒，然而……「紀瑞棋提到阿嬤吹冷氣很不舒服，希望我幫他們延續平房概念，轉化出不須安裝冷氣的房子。這點很吸引我，也許可以透過這次運用被動式設計（Passive Design）的概念在房子裡。」劉可強說，「所以，我提出了幾項條件，首先，就算設計失敗，也不能裝冷氣……」劉可強調皮地大笑。

　　「可是他設計成功了，所以我只記得他提出的另外兩個條件，」紀瑞棋補充，「他們要寫空間劇本、還要角色扮演，屋主也要全程參與！」他再答道，「因為劉教授強調兩點：一、生態建築；二、參與式設計。」

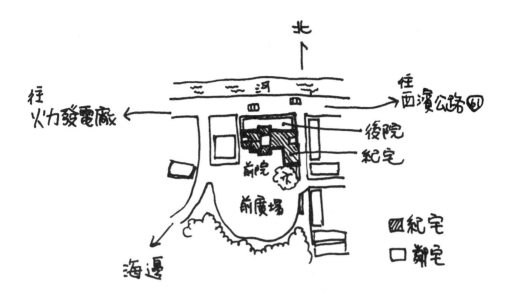

往火力發電廠 ←

北 ↑

往西濱公路 ㅁ

河

後院
紀宅

前院
前廣場

海邊

回 紀宅
口 鄰宅

紀宅與周邊環境位置圖

1_ 因家門前院是鄰居通行捷徑，考量鄰居們的方便性，決定不要將前院圍起。

2_ 三叔公在六十多年前種的老榕樹，陪伴紀家人至今。原本要設計與榕樹分枝交接的屋頂，象徵延續與傳承，後因安全問題而作罷。

3_ 母親與兒子、家族與個體，藉由再生的老房子緊緊連繫。

過往日常生活感想　成為設計新方向

　　在劉教授的引導下，大家也提出一些想法，「以前一進門就是神明廳，也是大家唯一可以聚在一起的客廳，在神明面前總覺得要畢恭畢敬。這次我們希望能夠將客廳與神明廳各自獨立，這樣神明祖先不會被我們打擾，我們也可以有自己的空間。」老五說。

　　「另外，我們希望有兩個客廳，一個是母親平日使用的起居室，若兄弟只有一兩個回來，就在這裡陪她。」老六說，「至於逢年過節，六兄弟都會攜家帶眷回來，兩個客廳及所有房間都會用到。」他們也希望能在一些窗戶底部設置平台，甚至連室外也設置，鄰居、親戚隨時都可在室內外坐下來聊天。

透過劇本、角色扮演來發想空間格局

　　劉教授試圖避開制式思考模式來想設計，所有的空間、房間，都不是先畫好再來想活動或配置，要先想活動，有了活動才會有那個房間，所以房子是方是圓不曉得！希望從屋主的日常生活來想空間怎麼配置，而這需要許多人的幫忙。「教授與學生常和我們全家人訪談，希望找出我們家族之間互動的特色。」紀瑞棋說，「然後他們再角色扮演，分別扮演阿嬤、我們六兄弟、幾位喜歡來陪阿嬤住的孫子、鄰居以及老榕樹，（沒錯，老榕樹，它表達的是風、陽光及雨水對自身的影響。）每場角色扮演我都得出席在旁觀看，以便能及時提供意見與修正。」

　　每一位學生必須花時間瞭解他所扮演的角色的個性，這樣才能講出該人物對住所的需求與觀點。」教授並以色紙拼組空間，在定案之前與學生們拼湊出各種可能性，然後和紀瑞棋一起進行立體模型的空間場景組合。即使是在施工過程，也不放棄修改的可能，與紀家人、營造商、木匠不停地協商、修改，使房子能夠滿足所有相關居者的共識。

生態建築：
採光、通風、隔熱、保溫的被動式設計

　　屋主與教授都認為，一棟建築物若一開始就以被動式設計的方式來構築，實踐低耗能與冬暖夏涼的「設計」，就可以省下很多

1_ 這個空間就像故事，而且它會持續講下去。

2_ 走進紀家大門，迫不及待脫下鞋子，赤腳感受陶磚的溫潤觸感。

3_ 大門進來右轉是起居室、或稱小客廳。阿嬤平日與看護待在起居室，這裡擺放電視讓阿嬤打發時間。

4_ 逢年過節，可以容納家族人口的大通鋪和室就派上用場。

5_ 房子窗戶外緣都有可以坐的平台，鄰居路過想要在窗邊聊天，只要打開窗戶即可。

添購節能科技產品的昂貴費用。「被動式住宅在國外頗為普遍，它主要的概念，就是在蓋房子的時候，順便把能源轉化融入到設計裡，藉由設計誘導自然能源的功能用在需求上。」劉可強解釋說，「舉一個最簡單的例子，例如被動式太陽能（passive solar）的運用，將太陽直射的那面牆加成兩倍厚，白天時它會吸收太陽的熱度，晚上就會釋放出來。因此，你不需要再把太陽能板的熱轉成電、再將電轉到電熱器上面。」

而離海濱僅二公里的紀宅，除了要面對國內平均的氣候變化外，因不受盆地或山脈的保護，還要面對強風的威脅。

對紀家人而言，冬天的海風不只是冷，還很刺骨，即使待在屋內，還得要穿厚外套、

建築小辭典

從格局看採光、通風、隔熱與保溫

控制風的走向與流量，是此次設計的重要課題。劉可強教授表示，若要讓風加速，風進來的洞要小、出去的洞要大；進口決定風向、出口決定風量。可以用百葉窗控制風入口的洞的大小，屋子全部都開大面窗，反而是不經濟的做法。

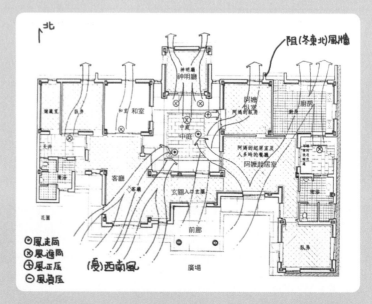

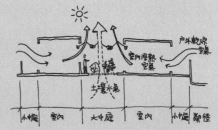

1 內部格局

紀宅有一個大中庭、兩個小中庭（天井），分別散落在房子的中間與兩側，因此每間房子至少都有二扇窗戶，隨時都可利用窗戶來採光與通風。同時也可以利用對向開窗一大一小產生風壓，即使是沒有風的炎熱天氣，也可以藉由電扇來啟動自然風的對流。

2 屋簷與窗戶位置

東西向的屋簷長度拉長，減少夏天日照西曬的熱氣。針對房子的經緯度來計算在太陽照射下，應配置的屋頂與開窗位置。在一年當中最熱的幾天，中午的太陽光無法直接進來。在冬天的時候，陽光反倒可以進來多些。神明廳夏天要通風、讓燒香的煙自然排放，冬天則要成為擋風的要角，而陽光則不論四季都要照到佛桌才行。

3 迎南風、擋北風

屋頂並沒有等高，北面的屋頂比南面高，這樣寒冷北風吹來時，會被往上推、直接越過建築體（如圖），讓室內溫暖；南風則可以順利進到中庭與室內。也就是後面一排的屋頂比前面一排的屋頂高，而且後方的屋簷前端還截斷，可以容納南風進來以及採光給天井。

3（續前頁）

前排有一段屋頂與屋頂之間的空間，刻意留出此空隙，可以吸入西南風，送到中庭的開窗。

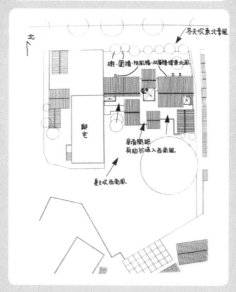

4 屋頂與牆面的呼吸設計

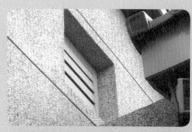

建築物的山牆最高點，都會設置百葉呼吸孔，打開就可讓熱氣散發到室外。

前廊屋簷下的內緣都開一道一道的呼吸孔，讓空氣可以跑到屋簷的中空層，並將屋頂裡面的熱氣帶走。

1_ 大門進來左轉是客廳。冬天，盡量讓暖和的陽光照進來。
　　陽光透過木格子窗照映在陶磚地上，很溫暖。

襪子；另外，還有因之產生的噪音問題，白天狀況影響較小，晚上要睡覺了，風切透過窗戶尖聲呼嘯，好像拉高分貝的口哨，常常半夜被吵醒。

　　所以啦，紀家的生態建築不但要達到採光、通風、隔熱，還要特別解決海風所帶來的寒冷與噪音。

截斷風切路徑　不再刺骨、也不刺耳

　　房子有三個中庭，不論是中庭或者四周，都會因為強大的東北風產生風切聲。劉可強將基地的風向及日照路徑資料送到美國研究生態建築的朋友那裡，請其幫忙計算，從而在房子北面牆設置「阻風牆」，並且於內側再增設一道矽酸鈣板，形成中間有空氣層的雙層牆，寒氣經過兩道關卡，進不了室內，阿嬤的膝蓋關節就不必受寒風所苦。

　　房子四周的圍牆，看起來似乎只是裝飾用的磚牆，其實也把風阻設計進去，透過圍牆的緩衝，將風切聲打碎，現在晚上不用聽到恐怖的尖聲口哨，可以安穩睡覺了。

冷氣機全部送人以示決心！

　　紀宅共有三個中庭，一大兩小，可以做為空氣對流的緩衝空間。炎炎夏日，鄰居們甚至不想待在自己的家，跑到紀宅陪阿嬤，因為這裡不用吹不自然的冷氣，就可以享受自然的涼爽感了。

「當初老房子拆掉時，安裝的冷氣我們一台不留，全部送鄰居了。」老六說，「房子的屋頂有內外兩層，使中間形成中空層，兩側屋簷下方設有透氣孔，當中庭與外界產生溫差時，就促進室外與中庭的冷空氣與屋簷裡的熱空氣進行交換。」不過，這樣的情形只適用於有風的時候。沒有風時，雙層屋頂就沒轍了。這時就要靠牆壁上方靠近屋簷的百葉窗，達到冷熱空氣對流。

沒風的時候，還可以試著在房子裡創造風壓效應，甚至可以決定風向。「同一個高度、溫度相同的空氣，會從風壓大的地方流向風壓小的地方，也就是從開窗小的地方流向開窗大的地方。」因此，可以在中庭開大窗、朝前院的方向開小窗，每扇窗都可以調

1 _ 獨立的神明廳位於大中庭。神明廳在設計時，就考慮到要能通風、拜拜的煙要能順利排放、光線可以全年都照到神桌。

2 _ 阿嬤的浴室寬敞明亮，有拐杖或輪椅的迴轉空間。兩扇窗戶讓溼氣迅速對流掉，開小窗的是朝東的一面，冬天時比較不會冷；開大窗的則接小天井。

3 _ 阿嬤的臥室窗戶雖然面北，但牆面本身就搭了兩層磚塊，加上還有風阻牆擋在外面，所以即使是東北風季節，這裡仍舊溫暖。

IDEA

地面不再反潮、
冒溼氣

因紀宅地板鋪的是會調節溼氣的
陶磚地板，當溼度過高、尤其是
夏日吹南風的時候，戶外的溼氣
會附著在外牆上、滲進室內，地
板很有可能會溼溼的。為此，外
牆的底板內側倒勾一個縫，有點
像是下方的滴水線，加上底板本
身也有斜度，可以避免水氣繼續
往牆壁吸附、進到室內。

整大小，藉此由居者自己來創造風壓與風向。

　　拜訪紀宅的當時是十二月，外面冷風刮
著臉、呼嘯著，一進到室內則轉為一片寂靜，
不過也不會讓人覺得空氣不流通，因為還有
中庭的空氣調節，與戶外對照起來真是天差
地遠。

　　阿嬤待在陽光照進來的起居室打著盹
兒、看著電視，旁邊有全天候看護陪伴，兒
子、孫子輪流回龍井陪她。這裡很舒服，鄰
居親戚也三不五時來串門子，阿嬤辛苦了大
半輩子，現在，坐在搖椅上望著窗外老榕，
或看著一旁兒子眼角笑出的魚尾紋……儘管
大家只是無關緊要的聊天，守護著這平凡一
刻的，卻是來自兒子們的孝心、設計參與者
們的用心。

　　目前紀宅已經成了編寫教科書的出版社
的課外教學教材，希望以後有越來越多的人，
在構思老家如何重建、改建時，也能以如此
務實的方式來思考。

IDEA

把強風力道削弱、風向轉向的風阻牆

紀宅靠海，沒有什麼阻擋強風的高山，只能透過風遮圍牆與阻風牆來削弱強勁的東北風。

為了全面破解海風對房子產生的風切聲、迴風產生的塵土飛揚，還有冷風颼颼從四面八方竄進室內，劉可強教授將風力圖送去給在美國研究生態建築的朋友計算，以決定圍牆的開孔、以及房子四周的「阻風牆」要配在什麼位置。

1 外圍牆植栽裡面種植的喬木肖楠，是第一道關卡。

2 北與東北向都有削弱風力的圍牆，是第二道關卡。

3 阻風牆從房子牆面衍生出來的切面，可以直接擊碎強風、切斷迴風路徑，是第三道關卡。

▶▶ 改造預算表		
工程名稱	**費用（元）**	**費用%**
拆除	60,000	1%
挖地基	60,000	1%
鋼構（牆及屋頂骨架）	580,000	9%
泥作（陶磚、洗石子牆、閣式基礎等）	2,200,000	34%
雙層牆（北及西面牆的磚與矽酸鈣板）	160,000	3%
水電	300,000	5%
木窗	400,000	6%
鋁窗	150,000	2%
木作（天花板卡榫結構、和室、木門）	750,000	12%
屋頂（屋瓦、隔熱防水層、導排水等）	600,000	10%
油漆	160,000	2%
衛浴 2 間	140,000	2%
廚房設備	120,000	2%
燈具	80,000	1%
家具（沙發、床、神明桌等）	350,000	5%
設計費*	300,000	5%
合計	6,410,000	100%

* 以台大城鄉基金會名義進行，故較便宜。

▶▶ 自家工班推薦

木工：張先生
願意與屋主一同研究木作卡榫工法，
有美感。
連絡：04-2656-0657、0911-115-585

洗石子：陳先生
懂得多種洗石子做法，力求完美與平整。
連絡：屋主代連絡 beetlechi@yahoo.com.tw

砌磚：林先生
砌磚仔細、緊實，而且挑磚嚴格，
只用完好無虞的磚頭。
連絡：屋主代連絡 beetlechi@yahoo.com.tw

設計師：台大建築與城鄉研究所／劉可強教授
擅長參與式設計、被動式設計、生態建築
與原住民社區發展。
連絡：kcliu@ntu.edu.tw

監工兼屋主代表：陽光空間設計／紀瑞棋
對綠建築及綠建材有多年研究，透過紀宅監工
經驗對被動式設計有更詳細的瞭解。
連絡：0932-004-311
beetlechi@yahoo.com.tw

HOUSE DATA

永和堂	
屋齡	72 年
地坪	56 坪
建坪	112 坪
格局	1F 玄關、前後天井、書房、古玩室、娛樂室、臥房 ×2；2F 客廳、廚房餐廳、茶室、露台、洗衣家事間
結構	1F 磚造、2F 木構造

[雲林縣 ▶ 三合院]

夾縫中甦醒
悄悄地燦爛著！

這間位於鬧區裡的老合院至今七十二歲了，被十二間房子緊緊包圍、昏睡著。新主人幸儀欣賞它鬧中取靜的地點，但對破敗的老房子本身，大家都說「拆」！好在真正的伯樂及時出現，透過現代工法，保留它的美與初衷，繼續陪伴新家庭、享受大隱隱於市的燦爛時光。

FAMILY STORY

林幸儀
喜好藝術欣賞、品茗、古玩收藏，與先生都十分好客。並以
開放、信賴的態度支持著此次老房子翻修的設計及施工團
隊。

取材時 2010 年 1 月
買下合院街屋的三合院部分：2008 年 5 月
拆除工程：2008 年 7 ～ 8 月
結構補強工程：2008 年 9 月～ 2009 年 1 月（包含磚
牆與木構造）
二樓、室內木作進場：2008 年 12 月～ 2009 年 4 月
完工：2009 年 5 月

本篇由聶志高老師、江凌秋、林政翰、林意婷、曾琇鈴提供圖
片使用。

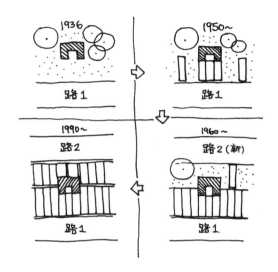

　　這間老房子的形成複雜、但非常精彩，進入故事之前，讓我們先來看看簡單的城鎮演化過程（請參閱右上圖）。

「合院式街屋」怎麼形成？

　　我們阿公阿嬤那一輩的孩提時，也就是七、八十年前的日治時代，有些人家開始在繁華的農村市集主要幹道附近建蓋日式三合院（閩南式格局，一樓中式磚牆、二樓是日式木構的混搭建築）。依照早期三合院搭建的習慣，一定會離道路大約十公尺的一段距離，不會緊貼著道路。

　　接著，農村越來越熱鬧，「農村市集」慢慢演變成「商業市鎮」，三合院屋主將房屋兩翼（俗稱「伸手」）往前延伸緊臨幹道，當店面使用，同時緊連市鎮規劃出的整排新店面建築，剛好夾在主要幹道跟三合院之間。

　　再接下來，商業市鎮實在太繁華了，於是三合院的後面、左右兩邊也都蓋起方方正正的現代建築，三合院從此被隱身在眾多屋子之中，不再擁有屬於自己的道路。

　　「從日治時期的農村市集轉為商業市鎮時，最常發生這種狀況，例如台南縣菁寮老街、高雄縣旗山老街、彰化縣田中老街、雲林縣西螺老街、台北縣汐止老街及深坑老街、新竹縣湖口老街。」雲科大建築系聶志高教授說，他將這種狀況名為「合院式街屋」。

　　「它通常夾雜在櫛比鱗次的街屋群中，延伸到路旁的店面與周邊街屋相仿，走在老

街上，很難從外觀發現它的存在，有著『大
隱隱於市』的境界；若不走入就很難窺見別
有洞天的世界。」

　　本故事的主角「永和堂」，正是上述典
型合院式街屋。不過，因家族分家，永和堂
的店面與三合院被分售，三合院由林幸儀買
下，要到達這裡，必須從大馬路轉進一條車
子無法進出的窄巷。幸儀買下它的理由很簡
單，這裡離他們夫妻倆上班地點近，至於老
房子要不要拆，她當時並沒有特別想到。

人人喊拆之際　巧遇伯樂挽救

　　三合院已經空蕩十多年，外表破爛，難
免給人陰森感，幸儀的女兒甚至說它是「鬼

屋」，找來幾位設計師到現場評估，大家都
主張「拆！」。原本大勢已定，一日幸儀的
先生跟雲科大副校長聊到這間房子，便介紹
聶志高教授與之認識。「並不是所有老房子
都有辦法再生，要看保存的狀況，以及當事
人對房子本身的情感程度。我到現場的時候，
就覺得這間房子的比例很美，有可塑性。」
聶志高說，「東方人與西方人的空間比例感
不同，然而台灣早期並沒有建築系，蓋房子
是採師徒制，很嚴謹地透過實際操作來承傳
空間比例之美。因為都是口頭與經驗傳授，
一旦後無傳人，這些資訊也就終止了。」

　　聶志高告訴幸儀他的看法，覺得這間房
子應該保留，並做了一個改造後的模型給幸
儀看。模型的空間之美感動了幸儀，雖然對

房子並沒有記憶連結，但基於某種文化保留、無法言喻的直覺，便決定給老房子一個機會。

　　然而細查屋況後，才發現有許多隱藏的嚴重問題。譬如，一樓磚造承重牆因九二一地震產生不同程度、大大小小的裂縫。樑及樓板的鋼筋外露、鏽蝕、水泥剝落、生白華。木造二樓則遭到嚴重蟻害，除了有些房間的檜木中柱外，福杉製的檁條及桁架幾乎被白蟻蛀光，造成空洞化的慘狀，且有坍塌危險。

保留原味　也要滿足現代機能與舒適度

　　於是，在與幸儀及專家們——結構補強鄭功仁、古蹟修復洪勝利及木結構李文雄等

1＿進門之後的空間感，由室內玄關及後天井組成，讓從小巷弄進來的客人有豁然開朗的感受。

2＿由後天井看正身小廳外觀，因門聯刻字還很清楚，予以保留。

3＿小廳牆面還可以看出有佛桌及畫像的置放痕跡，兩邊側門表示這是二進式的三合院。

4＿由前天井的二樓看側間的魚鱗板外牆，末端接的就是店面背牆。

5＿將牆與木框原本豔麗多彩的漆都洗掉，牆面露出更早期摻有貝殼的七釐石洗石子表面。（詳細剝漆、洗牆說明請參見 250 頁附錄。）

1 _ 擺上公婆椅，定調成如候客室或起居室一般的空間，為了採光，兩側原有門拿掉，新門的造型及線條比例，完全對照原有的客廳門訂製。

2 _ 穿過玄關後來到男主人的古玩室，展示著男主人的嗜好蒐藏。訪客通常可以在此玩賞一番再上樓。古玩室也是公空間與私空間的分界點，一樓其他部分是私人書房、女兒的娛樂室及數間臥房，訪客及全家聚在一起的客餐廳都在二樓。

3 _ 男主人的書房十分具有文藝氣息，所面對的是前天井、老街店家的背牆。保留原本的地面、窗框及門框刮漆後再重新上保護漆。

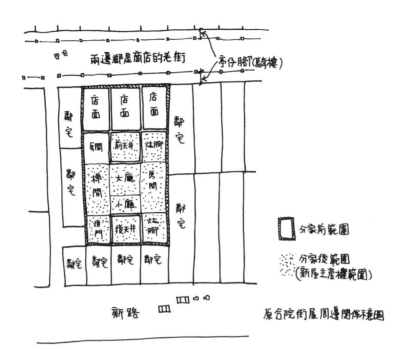

人──討論過後，聶志高得出以下幾個整建方向（讀者若有老房子要改造，也可參考）：1. 補強結構的同時，不要損壞房子的原味和空間比例之美；2. 它將會成為一個家，要吻合現代生活機能、接待友人及舒適度；3. 台式搭日式的雅緻調性；4. 盡量保留或再利用原材料，以自然不耗能的住宅設計為前提。

　　「喔！你知道要裝魚鱗板跟屋簷時有多難嗎⋯⋯距離不到十公分耶！我們都是貼著牆做，身體擠不進去的寬度，依舊要釘得準才行！從來沒有這種經驗。」負責二樓木構造及木作的專家李文雄一副炫耀樣，不過他對中式大木構有豐富研究，還做過國內失傳的中式收邊與接榫。「因為太緊靠了、有的

甚至牆黏著牆，我得一一拜訪包圍著這間房子的十二戶鄰居。」聶志高說，「有的鄰居順便要求我整理防火巷、清除排水管的堆積物，為了做公關、和睦，這些只好自行吸收。」

美化自宅背牆　只為讓鄰居賞心悅目

　　其中一位鄰居的房子背面，剛好是三合院的天井牆，雖然自己看不到，卻自掏腰包、請聶志高幫忙美化背牆，「我家背面的房子，他們每天都要看，若不整理好看一點，應該會有美中不足的遺憾吧！」鄰居說。還好最後想到用樹脂烤漆鋼板來修飾外牆，費用跟貼二丁掛差不多，視覺上卻更搭配。

改造現場

鋼板斜撐工法及碳纖維補強

這間三合院並沒有地基基礎，評估後發現承重能力有限，不能再加柱子補強結構，所以由結構技師找出一樓有哪些是屬於承重牆後，針對承重磚牆施以「鋼板斜撐」及「碳纖維」來鞏固，加強其原有的承載力。（詳見 260 頁）

1 在牆上先畫出比例線並按圖切割掉水泥層的厚度。

2 在牆的兩側以二片呈交叉（X字）狀、厚度 1 公分、寬度 40 公分（長度視牆面長短而定）的鋼板包夾住牆面。

3 以螺栓對鎖焊實，除了補強牆面斜角剪力的破壞，亦加強牆身本體的強度。

4 接著針對裂縫進行環氧樹脂（epoxy）的灌注，增加牆的實度。

5 在牆表層貼附碳纖維補強及表層粉光後，再上漆。

6 靠外的側牆因與鄰宅近接，沒有充分的施工空間，便以環氧樹脂進行裂縫灌注，再以碳纖維貼附進行補強。

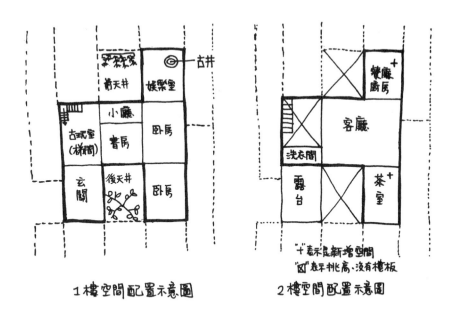

1樓空間配置示意圖

2樓空間配置示意圖

驚喜！老房子裡好料多多

不論老房子改建或拆除，一般習慣總是拆掉就丟掉，可是事實上老東西、老房子通常更有料，品質也較為實在，要丟掉之前可要三思！「我們盡可能將拆除的木廢料再利用，希望能夠延續材料與整體風格的特性，讓舊材得以再生，賦予新的用途及價值。」比如原本二樓天花板是用檜木製成的薄板，拆下後重新改製成收納櫃的門片；舊的樓梯踏板已經歪斜，裁切改成窗邊美人靠的椅背椅座；另外，二樓樓板意外發現珍貴的底材——台灣亞杉，重新拋光、加入企口後，成為二樓的地板面材，其油質厚重、色澤豐富及微酸特性，本身就是防蟲、防腐的木地板。「我跟

所有的合作夥伴及工班說，這是畢生難逢的經驗，雖然這次沒有師父教、得靠自己摸索，但我們也找回一些遺失傳承的技術。」

改造古厝　並非想像中昂貴

鑑於屋主的要求，在此不便公開翻修費用，只能說，整個費用竟遠遠低於正常推估，扣除一些裝飾性的室內鋪陳，費用甚至比拆掉老屋再重蓋制式的獨棟透天還要便宜。總之，別害怕，老古厝、三合院的翻新，若不要求如同本書另外個案歐家古厝一模一樣原型修復的話，只要找到專家與認真的工班，其實並不是很高的門檻。

永和堂正身大門的右聯刻著「源遠流長

天窗　客廳

茶室

臥房

梯間
兼古玩室　玄關　小門廳　後天井

萬派朝宗方成其大」，左為「和情悅性四鄰聚會位致乎中」，上批「源泉清澈性愛和平」，寓意與以「永和」為家訓的新主人不謀而和。加上男主人很好客，每天幾乎都有熟朋友來訪，以前只是聊聊就走，現在客人來了都捨不得走，每天都有人陪著它，老房子終不再寂寞。

後記：2010 年三月四日，正逢截稿之際，高雄甲仙發生芮氏地震儀規模 6.4 的強震，雲林震度也有 5 級。我致電為永和堂結構補強的技師鄭功仁，詢問永和堂是否無恙？他當時正悠閒吃著飯，回答我說：「完全沒事，坦白說，我一點都不擔心。」鄭功仁早在完工之後就與屋主簽約，註明永和堂可以承受至少 6 級的震度、還保固十五年呢！

1_ 此為初步模型，空間標示如圖，這個角度是從後天井看，二樓右邊為茶室、左邊為觀景露台。一樓左邊為玄關、右邊為臥房。

2_ 在前天井旁邊房間的地板下施工，竟挖出一口被埋的井。

3_ 有著古井的房間目前做為女兒接待自己朋友的娛樂室，依照古井大小安裝強化玻璃表面，仍可見井口。將井水引至吧檯面有淺斜度的水漥，代表「源泉不絕」，井水也被引至前天井的水牆。天花板並開有採光玻璃，接續二樓傳下來的陽光。

1 _ 樓梯某些支撐點嚴重腐蝕，原本樓梯的方向到二樓時會佔掉局部的使用空間，加上樓梯已經歪斜，故整座木造樓梯被小心翼翼拆下再利用。

2 _ 木構造二樓原本隔間頗多，拆除時特別謹慎，例如天花板是檜木薄板，就可再利用；而塑膠地磚的地板拆除後，發現底板是台灣亞杉。

3 _ 樓梯的欄杆及扶手原有油漆被刮除、再上保護油，露出原有的木頭紋理及溫潤的觸感，再搭配前陣子很夯的塑纖吊燈 Random Light，既復古又時尚。

4 _ 二樓的中央及右列打通成為客廳，內牆均為矽酸鈣板上漆，屋頂多處開雙層低輻射（Double Low E）隔熱玻璃天窗，使採光能到一樓，享受「大隱隱於市」不被外界打擾的內聚生活。客廳的長桌是由舊料台灣鐵杉製成。

4

1_ 原本二樓的露台，規劃為日後的餐廳兼廚房空間。

2_ 由二樓露台新增建的餐廳兼廚房，中島由聶志高設計，結合台灣鐵杉舊料
榫接及現代系統板材和電熱爐。靠牆處的櫃體門片竟是來自於老房子原本
的天花板，是用檜木薄板製成，窗台處即為一樓往上看的前天井美人靠。

3 _ 後天井四周緊臨著眾鄰宅的背牆，原本的露台規劃成茶室。

4 _ 以碳化的中式大木構新增的茶室，木結構與客廳的桁架結構截然不同。牆面掛畫題為「觀想」。

1 _ 從露台望向茶室,茶坊外窗亦有一排
美人靠。黑色的外牆是依循老房子之
前的外觀與功能,日治時期的外牆都
塗上瀝青,以達到防水及防蟲效果。

2 _ 從兩張上下圖可對照剛拆除露台時的
二樓跟完工後的二樓。側間與鄰宅緊
靠,要在外牆鋪魚鱗板和屋簷側邊簡
直是不可能的任務。

3 _ 從附近房子看永和堂,只能看到屋頂,
頂上安裝了兩道雙層低輻射(Double
Low E)隔熱玻璃天窗。屋脊處設有灑
水器以利降溫。

改造現場

二樓除了拆除因受潮而潰散的隔間牆與被蟲蝕的桁架外，也把天花板（屋頂）拆除，只保留大樑柱及中柱式屋架。

1 客廳屋頂已經腐爛又腐蝕嚴重。

2 依照標示仔細敲擊或用聲波儀檢查各處可疑點。

3 針對結構安全關鍵點進行超音波體檢，一個超音波測點花費1000元，所以人工敲擊要十分仔細，只有關鍵點及無法判別時才靠超音波。

4 把無法補救的桁架、檁木、望板、屋瓦全部拆除，大根的樑柱暫時用木料輔助固定。

5 最後，檢測出部分中空的地方進行環氧樹脂灌注，並於中柱式的大樑底，以碳纖維做為補強。

▶▶ 自家工班推薦

老屋修復：洪勝利
老建築熱愛者及養護專家，特地從台北至雲林義務示範古蹟的清洗與保養方法。
連絡：0932-228-428

結構、碳纖維補強：鄭功仁
老屋結構補強經驗十四年餘，針對各種老房子屋型對症下藥。
連絡：04-2314-6085*10

木構造：德豐木業／李文雄
國內罕見研究中式木構造、且有豐富施工經驗的專家。
連絡：049-264-2094

鐵工：黃學進
工程收尾的靈魂人物，認真要求工班，大幅提升品質及完成度，是關鍵性大工頭。
連絡：0919-842-087

設計師、整合者、監工者：
日本國立福井大學建築工學博士聶志高
關注人文歷史、生態及社區的建築空間演替，並將積累經驗發揮在設計上。
連絡：05-534-2601*2483
niehck@yuntech.edu.tw

HOUSE DATA

臺窩灣民居

屋齡	63 年
地坪	83 坪
建坪	52 坪
格局	外埕、內埕、軒亭、抱廈、正廳、起居室（堂前後）、護龍（房間×4）、灶腳間、工作室（左護龍或左廂房）、浴室、廁所（右護龍或右廂房）、後尾巷
結構	磚牆＋木結構

[台南市安平區▸穿斗式（架筒式）三合院]

曾經老過的
新古厝

歐家有棟年逾一甲子的老厝，陪伴家族成員度過年少輕狂的歲月，其中還珍藏有字畫真跡和傳統建築工法。與其拆除或改建，他們更傾向「修復」這棟六十歲的老房子，透過專家及老師傅的用心和手藝，讓房子保有同樣的老靈魂，卻可以回到二十歲的體格，並搭配永續性的經營利用，讓這個房子與家的故事，繼續說下去……

FAMILY STORY

屋主：歐財榮（歐家古厝第二代）
執行長：歐惠芳（歐家古厝第三代）
歐惠芳負責維持古厝的建築體屋況、民居經營，自稱臺窩灣
民居的「店小二」，個性開朗率直、喜歡登山旅遊和美食。
website / www.tayouan.com.tw
tel / 06-228-4177

取材時 2009 年 12 月：歐叔叔 56 歲、歐惠芳 40 歲
歐家古宅完工：1947 年
惠芳出生：1970 年 4 月
近 50 年的古宅年久失修、全家搬出：1995 年
古宅閒置：1990 ～ 2003 年（1995 年開始租給鄰居）
台南市政府民宅整修補助專案：2003 年 6 月
家族溝通、設計討論：2003 ～ 2006 年
古宅整修開工大典：2005 年 10 月 19 日
上樑（正堂中楹）祭典：2006 年 3 月 14 日
揭牌：2006 年 7 月 21 日
入厝、照牆「日月麒麟」開光點睛：2007 年 3 月 4 日

1 _ 圍牆以魚形做成洗石子的牆面，象徵歐家捕魚為生的祖傳家業。

2 _ 將穿斗結構與金形馬背屋頂做為涼亭的意象，這裡是客人來時泡茶乘涼的最佳地點。

　　這棟位於台南市安平區小巷弄裡的重生古宅，是經過老中青家族三代拉鋸、溝通與合作所產生的結晶。

　　惠芳的家族來自金門，祖父以出海捕魚為業，六十年前祖父及其兄弟三人來到台南蓋了這棟穿斗式三合院，並請當時聞名南台灣的彩繪大師潘春源（台灣國寶級民俗畫師，不僅彩繪廟宇，其他作品也很精采，堪稱詩書畫三絕！民俗藝師薪傳獎得主潘麗水即為其子）繪製壁畫、書法，牆上所見對聯及詩句均出自其手。這些是潘老師少數非宗教作品，阿嬤還記得他用幾道筆觸就讓人物表情栩栩如生，只要有門就信手拈來題上對聯、橫批。那個時期潘春源約五十好幾，是技術最純熟、筆觸最順暢又有豐富人生歷練的年

紀，更增加了壁畫保存的價值。

三合院全盛時期住滿二十五人

　　房子完工後，祖父三兄弟陸續結婚生子，當時的家庭小孩都很多，三家庭還曾創下共住二十五人的紀錄！「到了晚上睡覺時，床位不夠怎麼辦？小孩先睡滿地板，晚些大人捕魚回來，悄悄用長凳放在孩子們之間，就這麼睡在凳子上。你能想像嗎！」歐家古宅第三代惠芳用不可置信的口氣說，她目前負責掌理維護這棟命名為「臺窩灣民居」*的古厝，還戲稱自己為店小二。

離巢→老化→閒置→未知數？

孩子陸續長大，兄弟們開始在附近地區分家，惠芳阿公包括父親及叔叔這一家分到這棟古宅，但是房子建材是一百二十年前老宅拆下的福杉樑木，已經開始出現漏水及輕微坍塌等老化跡象。一開始家人不以為意，直到屋頂瓦片已破、雨季時雨水如瀑布般落下，嚴重影響居住安全，不得不搬離古厝。

「搬出去後，我們也沒特別決定要拿厝怎麼辦，因為這是阿公的心血，我們並沒有打算拆、也沒有錢整修，就這樣閒置著。」這棟曾經有二十多人陪伴它一同成長、喧鬧的六十多歲老宅，暫時邁入孤單閒置、充滿未知的未來。

老人家有錢但反對、年輕人沒錢但贊成

直到2003年，台南市政府推出補助民宅整修的「傳統民居的修復工程」專案，促使惠芳與叔叔整修的決心。「看著自己從小長大的地方，鄰居、親戚的老房子一間間拆掉，蓋成方正的現代高樓，覺得好心痛。假設我們房子整修成功的話，也許可以提供同樣有老房子、但不知如何處理的人參考和信心。」

家族中五十歲以下的年輕一代都贊成修復古宅，五十歲以上則除了從事古蹟導覽的叔叔一人獨排眾議外，其餘人都認為這是一件既花錢又不會成功的事；拿更少的錢去蓋一棟全新透天不是更好？姑姑甚至多次打電話跟阿嬤說，一定要阻止年輕人整修。

1_ 原本的照牆，由兩道磚砌成然後上水泥、彩繪，不過圖案已經剝落。

2_ 依照原來的圖案重新上色，周邊則以洗石子稍加修飾。照牆旁邊則種上花草，成為進來之後的庭園綠意。

3_ 整建之前的三合院外觀，右翼護龍增建了一間水泥房子，門窗四周有明顯溼氣堆積，屋頂有些部分已經發霉。屋頂只剩下主屋還保有仰瓦屋頂，其他都已經至少翻新過一次。

4_ 保留磚牆牆面，木構造及屋頂的地方已經全部換新。

5_ 剛蓋好時地面的磚塊就跟現在一樣，之後因為兒子結婚，阿嬤將地板改成現代瓷磚，趁翻修又恢復成最初的陶磚。

6_ 進門之後依據設計，造了一個傳統造型的假山水池。

7_ 從主廳跨到內埕的地板也遵照古法鋪設。內埕的鋪面為「尺磚」，每四塊尺磚構成「田」字，意喻財富；外埕的鋪面為「方磚」，交錯拼成「丁」字，意喻人丁旺盛；正廳的鋪面為六角形磨石磚，因為形狀似龜殼，意喻「長壽」。從正廳、內埕到外埕代表人生所追求的美好祝願：「壽、財、子」。

8_ 屋頂也回復成房子原有的板瓦式，哭瓦與笑瓦之間以水泥黏合。

9_ 每扇窗戶仍使用原本的窗框，底部沒有窗輪。窗框裡面又加上一道一道的小百葉，更加古色古香。

惠芳等年輕一輩雖然有決心、也有想法，但沒有足夠資金，即使政府補助了一百二十萬元，但各種工程估計下來需要自費七百萬元以上，惠芳的母親及叔叔雖然各出一些，但還是不夠，剩下的錢從哪來？最好的方式當然是說服阿嬤！阿嬤一開始也贊成姑姑的意見，最後打動阿嬤的關鍵句，是「這間房子是阿公的作品」。阿公過世已經將近二十年了，對阿嬤而言，房子是她與老伴之間唯一的連結，如果房子拆了改建成方正透天厝，等於是將她人生某部分洗刷掉，前半生的存在似乎從此成了泡沫。最後，阿嬤決定支持孫子們的選擇，提供改造所需資金。

古宅「修復」難度更甚「翻修」

不同於翻修可以隨心所欲重新設計；所謂修復，就是盡量恢復成建築物原本的特色。歐家古宅屬於台南當時流行的穿斗式建築、又稱架筒，特色是把樑與桁架在各個柱子上，組成屋架，同時用卡榫相接。由於年久失修，除了有角度的斗拱外，直線形的樑、柱、桁都已經被白蟻及褐腐菌侵蝕，必須換成新的木材，而新木材的裁切全都得依照原本的圖案、卡榫接點，這是第一難；另外，潘春源老師六十年前的畫作、書法都已被長年的香火薰黑，有的甚至已經褪色到無法辨識的程度，要找到專業且可接受的價格的古蹟修復專家來恢復這些藝術作品的原貌，是第二難。

1_ 正廳的原貌，屋頂的桷木多年前已被漆上綠色防蝕漆，牆壁的字畫則因六十年來的汙垢而發黃，地板則還算保存完整。

2_ 上方的正樑顏色變得十分鮮明，玻璃燈罩則是原本就有，重新清洗、用紅色重描過之後，同時有新意與使用過的痕跡。

3_ 正廳右邊牆面是四季文人畫，包括春季是蘇東坡的柳堤聽鶯、夏季是倪瓚的雲林子洗桐、秋季是陶淵明的採菊東籬，冬季則是林和靖的孤山訪梅。

4_ 可以注意到有些損毀的部分被重新上色。其餘部分則只要輕柔地將污漬刷掉，原來的色澤就會鮮明顯現。

5_ 新的門框所寫的對聯與前門框一樣，原有的老門框則被保存在房間的展示平台上。

6_ 主廳兩旁有四間房，均為臥房，打開之後內有杉木的香氣。圖中這間正是惠芳小時候和親戚小孩們一起睡覺的臥房。

7_ 原本的後院，地面時常積水。

8_ 後院牆面經過整修，以竹子及植栽裝飾，端景設置水池，象徵財源滾滾。從室內往後院看，以木雕字體營造出一幅畫來。

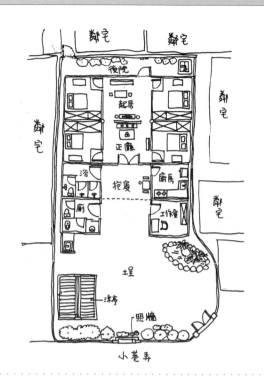

　　終於，這兩大難題在經過一年多後都找到合適的人才。叔叔找了曾經參與台南早期穿斗式建築的老工頭王忠義先生，由他來指導大家板材的切割、卡榫的處理等。至於壁畫的修復，可說運氣十分好，原本修復費用至少需要幾百萬元，然而透過友人介紹認識當時在台南藝術大學古物維護研究所任教的德國老師魏理（Ulrich Weilhammer），以學校師生實習專案合作的方式，僅收費五十萬元。在改造修復前先小心翼翼將字畫拆卸下來，完工之後再將尚未處理的字畫裝裱上去，然後用極細的毛刷或棉花棒輕柔地將多年來的汙垢擦除。若遇到褪色嚴重的區域，則要刻意用明顯不同的筆觸覆蓋在原有圖樣上，以示新舊區隔、對原創之尊重。

從不看好到以它為榮

　　「這間房子最初是在民國36年完工，當時正好是228事件白色恐怖時期，台南一帶氣氛肅穆，長輩只好低調處理，不辦任何慶典。而這次整修完畢正好是第二個丁亥年、整整六十年了，我們要為它舉辦熱熱鬧鬧的入厝大典！」完工後的入厝典禮，左鄰右舍及歐氏整個家族都來了。原本強烈反對的長輩們，看著得到重生的老房子以及大家給予的肯定與讚賞，現在只要媒體出現臺窩灣的報導，這些長輩甚至比年輕人還興奮。從反對到肯定、從完全不看好到以它為榮，惠芳開朗笑說，最終得到的支持肯定，讓她忘卻之前受到的大力反對，總算是守得雲開見月明。

改造現場

屋頂重建

歐家古厝的屋頂瓦原本是傳統片狀的板瓦，鋪設方式是笑瓦（仰板瓦）及哭瓦（俯板瓦）仰俯互疊而成，不過，早期的黏合材質是以石灰黏土混些洋菜，敵不過長年日曬雨淋，除正廳外，其他房間屋頂都已換新。

原本屋頂模樣。屋頂之前就歷經一次翻修，只剩正廳屋頂還保留最初以板瓦瓦片排列。

1 架上新的檐桁當底架。

2 再於檐桁上方鋪上桷木（寬扁的板材），並用白膠、釘槍稍微固定。

3 桷木鋪好後上方塗上水泥，邊緣並以不鏽鋼片鋪出屋頂排水管。

4 等水泥乾了之後，於水泥上面塗上厚厚的 PU 防水層。

5 先在邊緣（垂脊）收邊處鋪好瓦片，並測試水流是否穩定流下而不會影響到隔壁，也不會流到山牆裡面。

6 接著在屋脊上疊出第一階段基礎，可見到瓦片之間用水泥固定，上下片有的還墊上水泥或瓦片，讓上層瓦片不要太過塌陷，符合需要的傾斜度，以利排水。

7 在屋脊第一階段基礎上再疊起一排寬度較窄的瓦片，產生些微弧度，這次排列緊密，中間沒有太大的間距，這是第二階段基礎。

8 待第二階段基礎也固體化之後，第三階段是在剛才的瓦片上面鋪上兩層磚，並用水泥固定。

9 第四階段是在磚上面黏上沒有弧度、與第二階段的窄瓦片寬度相同的瓦片，此時必須抓好水平。

10 第五階段，在水平瓦片上面鋪上水泥，並壓成「凸」型，完成後再把從第二階段開始的基礎外面也塗上水泥。

11 過幾天後，等水泥乾了，再於外層塗上 PU，做最後一道防水處理。

12 最後一道程序，將兩邊壁背都逐步鋪上板瓦，仔細看可發現，瓦片是哭瓦與笑瓦一排一排輪流鋪成，並用直木棍在旁邊當基準，才不會歪斜，哭笑瓦之間用水泥固定住。

維修保養仍需費用　創造房子「被利用價值」

　　為了讓這棟好不容易修復完成的古厝能永續保存，惠芳將它規劃為提供民眾住宿的「臺窩灣民居」，取得一些微薄收入，就是為了幫房子籌措養老金。「我們修復它，並不是為了經營民宿賺錢，而是要讓它最初的面貌得以延續下去。畢竟，這是阿公的血汗作品啊！」她強調，「別忘了，它是木構造的房子，每三至五年就要全面做一次除蟲防霉處理。我們收入都有限，為了讓後代無負擔，房子必須能夠自己賺錢照顧自己，就算後代將它轉手經營也罷，房子可以長長久久維持下去，是我們的終極目標。」

　　即使如此，仍不免被旅館業者檢舉，因為根據台南市都市計畫用地的法規，安平區是禁止開設民宿的，不過補助民居修復專案的文化觀光處又認為這樣的經營方式不論對文化或民宅都頗有助益，政府最後的妥協就是不能掛上「民宿」二字，其他的，大家就睜一眼、閉一眼吧！

總量管制　一個月頂多十二天住人

　　也許是考量到人客住得舒服、不受干擾，除了正廳之外，其他四個房間都安裝分離式冷氣，將上方原本相通的桁樑空間封住。然而冷氣的使用會導致木材收縮，因之在潮溼雨季及悶熱夏季，冷氣會使房間與正廳木材所承受的溫溼度不同，若密集使用一定會造

修復現場

木材彩繪修復

將正廳左右兩邊牆面的木材彩繪拆下，帶回工作室清潔及修復，待建築本體幾乎完工後，再把它們安裝回去，並進行最後的修飾。因為唯有在同樣的空間及位置上，才能夠稍加揣摩原創者的感受與在牆面書寫時的姿勢。

1 拆解之前，先進行系統的評估如何修復、還原，將比較脆弱的部分用自黏貼紙貼起保護，並將已經腐朽的柱、框打上 X 記號。

3 惠芳在台南藝術大學古物所與修復師梁弘及魏理老師討論色彩的修復。

6 每一片彩繪木板都必須用棉花棒沾蒸餾水或清洗劑，仔細去除上面的污漬，重複清潔至少四次。

7 完工後部分尚未處理完成的彩繪先安裝上去，將軍柱已經換成新的。

2 屋頂與結構拆卸鬆脫後，小心翼翼地將木材彩繪牆面一片片拆下，左右兩邊已一百二十年的將軍柱內部已經被腐蝕嚴重，只能抽樑換柱進行更新。預先將潘春源老師所提的字拓印下來，以便日後重新謄寫。而兩根老將軍柱及中脊樑則被原樣保留在正廳後方的起居室。

4 將新的木片塞到被白蟻蛀空的舊木片縫隙，將之填滿。

5 依比例調配清洗劑。

8 魏理帶學生到現場進行局部修復，他用不同的筆觸但接近的色彩幫下方的裝飾板材上色，修復的重點之一，就是筆觸及色彩均不可以跟原本一模一樣，以便日後區隔，同時尊重原創。

9 這是修復到一半的樣子，並不是重新上色，而是用細刷輕柔緩慢地清除灰塵，再用特殊的藥劑去除薰黑痕跡，結果發現原本的鮮豔顏色竟然還在！

1_「翻修」較可以隨心所欲的設計，但「修復」則牽涉到
　　古物復原的技術、以及完成後的養護。

成木料的耗損，因此只要遊客退房的隔天，惠芳就會讓該房間空置，以利透氣、還原。

　　現在，即使是寒暑假旺季，每個月最多也只接受十二天的住房，好讓房子有時間休養。附帶的好處是，房子休息、惠芳也可以休息，隔天就可以很有活力接待客人。惠芳熱情的個性也因經營民居而結交到許多好朋友，更由於地點開放感的特色，甚至有朋友在此舉辦婚禮，來到現場的老人家都倍感親切，甚至讓他們想念起自己的老家來。

　　惠芳說，「我希望這樣的經營方式可以永續，國內有許多老房子年久失修、屋主不知如何處理，當他們看到我這樣的成功經營模式，也許就會考慮留下它，也因此為後代留下更多文化、生活的珍寶！」

*「臺窩灣」名稱是源自四、五百年前住在台南安平地區、也就是歐家古厝所在位置的原住民「臺窩灣」（Tayouan）族的族名。而「臺灣」一名的稱呼來由，其中一種說法也是源自於此。

改造現場

上樑：新與舊的傳承

正廳上方最中央的中脊樑是支撐了歐家古宅六十年的福杉，在這棟房子之前，它則是另一棟房子同樣歷時六十年的中樑，前後總共與兩個家庭共度一百二十年的時光，對它應該充滿感謝與珍惜。目前它終於可以休息了，被妥善保存在起居室旁，仍然與這間古厝同在。

1 被拆下的老中樑，師傅將它的末端與柱、桷相接的卡榫裁法以及圖紋都記錄下來。

2 師傅用描圖紙描繪原有中樑上的吉祥圖案（蝙蝠）以及太極八卦。

3 新的中樑末端斷面卡榫凹槽與舊的一模一樣。

4 要畫八卦前，先上一層防蟲蟻的白漆。

5 以朱紅為底、金色為線條，畫上中樑都會有的太極八卦圖。

6 原來，不是畫完整根、而是畫完八卦之後就要準備上樑。上樑典禮那天，阿嬤也來了，她因此肯定了這個工程。

7 中樑在習俗上不能碰到地面，因此用繩子吊上去。一旦中樑安裝好，其他的檐樑就可以陸續裝上。

▶▶ 改造預算表

工程名稱	費用（元）	費用%
室內裝潢	2,500,000	31%
壁畫修復（全室）	500,000	6%
木料	650,000	8%
地磚、磁磚	230,000	3%
屋瓦	300,000	4%
園藝	100,000	1%
工資	1,200,000	15%
生財器具購買等雜支	2,520,000	32%
合計	8,000,000	100%

▶▶ 自家工班推薦

修復工程：明義營造／葉主任

有非常豐富修復老建築的經驗，對於像我們家這樣的老宅，無疑是最大的助力！

連絡：0932-853-667

室內施工：大朮建築工作室／郭銘讚

熱心加耐心，讓繁複的整修工作得以圓滿完成，是很好溝通的工班喔！

連絡：07-692-1865、0937-318-040

園藝：樹悟石園藝／呂素真

匠心獨具，讓老宅更添迷人風采。不管老宅新宅，只要有關花草找樹悟石就對了！

連絡：06-293-7439、0955-313-583

改造現場

歐家古厝改造
重點摘錄！

1 所有的屋頂都要拆除，拆除時發現圖中左護龍的屋脊已經被白蟻啃得差不多了。

2 因為怕拆屋頂時站在上面會整個塌下來，先用波浪板鋪上確保安全。

6 將來會架高木地板當臥室的房間，地板和東面牆都漆上防水 PU。

7 將拆下來的斗拱、方筒及樑柱卡榫圖形，描繪在新木料上進行裁切，將要搭配的元件做出。

11 拆下來後，將還會使用的元件標示位置與號碼，並用氣泡紙包起來。

12 新的木料末端塗上濃濃的一層柴油，可以防止白蟻入侵。

16 保留正廳兩邊的將軍柱柱位，安裝新的將軍柱。

17 用手工敲出將軍柱與樑、桁、斗拱交接的界面卡榫。

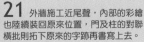

21 外牆施工近尾聲，內部的彩繪也陸續裝回原來位置，門及柱的對聯橫批則拓下原來的字跡再書寫上去。

3 窗戶水泥與木框相接處溼氣都很嚴重，就將它敲除到露出磚頭為止。

4 右翼護龍本來有一個增建的水泥小房子，將它拆除，讓原本漂亮的金形馬背當主角。

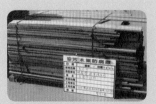

5 新的木料包括樑柱桁、屋頂底板的桷木，都經過防腐處理。

8 兩翼護龍的穿斗陸續架上，上漆後並沿用原工法，用刮一半的粗藤繞柱，不過這次是用蚊子釘固定。

9 接著將正廳檐桁與屋頂桷木取下，全部都已經蛀蝕無法再使用。

10 轉彎處的斗拱，都沒有受到白蟻侵蝕，因此被保留下來再次使用。有些木頭明顯損毀的就打上記號「╳」，若不確定者則註明「？」。

13 兩翼護龍的屋頂上，桁與桷都鋪好了。（桷是墊在屋瓦下的板材。）

14 開始進行白蟻防治工程，運用陶斯強防白蟻藥劑，先在工地內外噴灑，然後將還會利用的老木頭注入藥劑，連地面也要鑽洞強力灌注藥劑進去，以免白蟻從外面的地道鑽進室內。

15 圖樣剝落的外埕照牆將漆打掉，讓原有的砌磚露出，再重新粉刷，並畫上同樣圖案的日月麒麟。

18 成功立起之後，就可以陸續安裝方筒與斗拱，然後再上正廳的中樑。

19 兩翼護龍的山牆、窗戶的雨遮，都用洗石子營造質感，邊緣用鋸齒狀的細鐵板讓洗石子的收邊也有立體感。

20 老磚牆雖然保留，但牆內有許多空隙已經被水氣、孢子或蟲卵佔據，強力灌注 PU 進入充滿牆體，可以減低將來壁癌、腐蝕的可能性。

HOUSE DATA

屋齡	30 年
敷地	800 坪
建坪	主棟 32 坪、副棟 10 坪
格局	主棟：客廳、工作室、起居室、主臥、客臥；副棟：餐廳、廚房、衛浴
結構	磚牆＋木構造

[台南縣大內鄉▶合院]

革命尚未成功
需要從「心」努力！

這個血淋淋的故事也許會嚇到你，但主角對土地的保護與堅持仍值得欽佩，也讓人用不同觀點看待田園生活，甚至有拯救或保護土地的啟發。至今，他還在奮鬥中。

惡夢來自於兩年前毫不知情地買下位於毒區裡的土地，整個區域的居民都淪陷了，只有他始終對土地下不了毒手，因此，他的家也成為惡蟲惡草的快樂天堂⋯⋯

FAMILY
STORY

屋主：佐藤松介
曾長期居住台北，後旅居美國、中國，目前在台南從事視覺
及文化相關工作。收容一隻黑色拉不拉多犬名為「黑金」、
一隻虎斑貓名為「老虎六茲」，一家三口共同為田園夢努力。
email / rayjiing@gmail.com

取材時 2010 年 1 月：屋主 50 歲
買了地與老古厝：2007 年 8 月
整地工程（保留老樹）：2007 年 9 月
拆除工程：2007 年 12 月
木作工程：2008 年 1 ～ 2 月
種樹（肉桂）：2008 年 3 月 27 日
庭院改造：2008 年 3 ～ 5 月
曬穀場（埕）、前廊重鋪：2008 年 5 ～ 6 月
家具軟體進駐、完工：2008 年 6 月
封副棟餐廳及廚房天花板：2009 年 5 月

1 _ 不同於埕的水泥地，前廊地面用的是洗石子地，以便跟古厝前廊的柱體質感相應和。

2 _ 佐藤將收藏的一對漂亮迷你白石獅放在大門兩旁裝飾。

　　我曾經拜訪宜蘭歸田園居的畫家朋友，他們住宅四周的農地都被某位善心人租下，但仍讓原地主耕種收成，唯一條件是不得使用任何農藥、化肥及除草劑。因此我的宜蘭友人不須面對從毒區逃難而來的外來生物，可以安心在自己的土地上耕種，也不用擔心蔬菜有毒或被蟲吃光，他目前順利過著半農半X的生活。

　　然而，本故事主角佐藤松介就不這麼幸運了，來自台北、在各國旅居多年的他，夢想是住在鄉下過著自給自足的田園生活。兩年前，他在離上班地點不遠的郊區買了塊地，上面還立著一棟老古厝。然而，佐藤誤判情勢，他當時並不知道整個大環境都在使用農藥及除草劑，自己無法出淤泥而不染。「我

本以為他住這裡，可以每天欣賞球場綠油油的大片草地，是一件很浪漫的事，結果事實正相反。」帶我來佐藤家拜訪的友人阿德是台南人，他原本也猶豫要不要買這一帶的土地，直到看到佐藤的遭遇。

買到毒區　田園夢無限延遲

　　「自從住進這裡後，我對田園夢從樂觀變得悲觀了，這裡能存活的都是不死的惡蟲、惡草，我所謂的惡草是指長得非常快、非常醜、沾到人就會刺人的那種草，如鬼針草、刺茄等，電影裡的青青河畔草、或是綠草如茵的那種草，只有在夢裡才會見到；我說的惡蟲是那些在這麼毒、這麼惡劣的環境還能

存活的昆蟲、動物。我在這裡從沒見過青蛙，只見過成群的癩蛤蟆；沒見過毛毛蟲，只見過蜈蚣；沒見過蚯蚓，只見過毒蛇。我被蚊蟲咬怕了，後來才慢慢意識到這根本是環境遭到破壞的問題。」這是多麼心酸的田園體驗啊！

美麗的大片草皮背後的不顧一切

佐藤的遭遇真的很慘，「我家附近有兩個高爾夫球場，還有大面積的苗圃，我常看他們不停地下毒，我的小屋是被毒區所包圍。」他無奈地自嘲說，「當鄉下人口外流之後，老人就把土地釋出，讓財團進駐，也讓像我這種小資產階級浪漫的知識分子得以

做夢。哪知道財團接手後環境更糟，財團開闢了高爾夫球場與苗圃，小知識分子只有夾在當中做他的春秋大夢。」

大學體育課我曾經修過高爾夫球課，不是因為興趣、純粹是因為不想人擠人，當時我看著一片綠油油的草地，猜測球場的草皮維護，大概要很辛苦地使用除草機除草吧。直到去年參加大地旅人舉辦的樸門設計課程，老師 Robyn Francis 提到國際間的高爾夫球場草皮維護方法，主要是噴灑農藥及除草劑，好抑制雜草生長，另外還會使用殺菌、土質調整、讓草皮看起來更綠等等的藥劑，當灑水器灑水之後，半數沒被吸收的藥劑都流入土壤裡面，連帶影響地下水源，拖累周遭的住戶用水。佐藤附近的球場位於景觀不錯的制

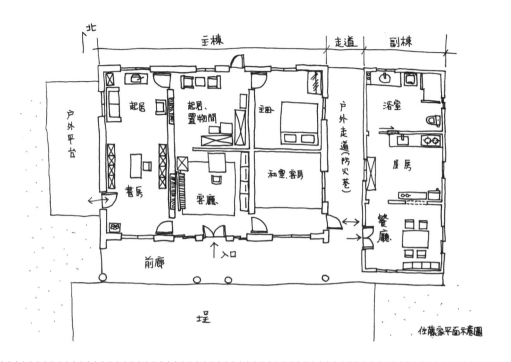

佐藤家平面示意圖

1_ 買下當時，庭院裡除了大樹之外，大部分都是鬼針草的天下。

2_ 菜園裡面的青江菜在鬼針草的搶攻下努力生長著，旁邊死了一隻肥大的田鼠，估計是沿途吃了有毒蔬果，來到此處壽終正寢。

3_ 強韌的迷迭香是這裡長得最好的新種灌木之一。

4_ 專程運來的石臼，當作庭院的矮桌，上面放置著除草的鏟子與鐮刀。

5_ 除掉雜草之後的整個基地狀況。最左與最右的磚牆都是地界線。

6_ 佐藤後來種的六棵肉桂，用來遮蔽與鄰舍之間的視線。

高點，加上大苗圃使用不同的毒藥，兩個加在一起所向無敵，昆蟲、動物沒被毒死的，就往周遭逃竄，逼得家家戶戶也不得不用農藥驅趕。

毒區存活的惡蟲　個個狠角色

再者，能在這麼毒的區域裡存活的昆蟲，個個都是狠角色。到了夏天，這裡的各種蚊蟲更是兇猛，從清晨到黑夜分梯次出現不同種類，從小黑蚊到牛虻……佐藤到院子想種點蔬菜，常被叮得紅腫落荒而逃，兩年來，佐藤在戶外享受的次數屈指可數。「我隔壁後院有棵老楊桃樹，每年兩季結果，每次結果時都是結實累累、果香撲鼻，不幸的

1 _ 閒置近十年的主棟以及壁癌嚴重且窗戶脫落的副棟。主棟的屋頂還保留早期傳統的黑瓦，副棟則早已換成鐵皮。

2 _ 古厝前緊接著一整片的「埕」，是佐藤重新處理過的，水泥地在陽光下暖暖的，忍不住和名為老虎六茲的貓一起曬太陽。

3 _ 主棟正廳原本的格局，還留有神明桌的痕跡。按照傳統格局，正廳兩側都有小門通往後面的起居室。

4 _ 前後的書架、使用的電腦桌及椅子都是不同時代來自台灣及中國的古董，這些古董家具身處古厝中，若不是因為土地有毒，住在這裡實在有時空交錯的美妙感。

5 _ 佐藤的書及收藏品很多，正廳原本有對稱的兩道小門，將右側的小門封起，減少一道多餘動線，且後方房間又多了一個角落可以收納東西。

6 _ 書桌另外一側，放置沙發、電視以及收藏品，雖然不懂門道，但這些收藏品都沒有沾染灰塵，感受得到佐藤的用心保存。

7 _ 這尊缺手佛像收藏品，表面已多處斑駁，仍笑看世間一切的已知和未知。

8 _ 臥室位於正廳右後間，天花板整片釘上夾板，再用 T5 燈管當主要照明，簡潔俐落。

9 _ 書架上有好多佛教、陶瓷及佛像雕刻的書籍，可見佐藤的收藏其來有自。

10 _ 桌上展示著來自西域建築的石雕，立體且黑得發亮。

是，每一個楊桃，不論大小、生熟，都會長蟲，如果有一千個楊桃，這一千個楊桃無一倖免。」

若要蟲不來　除非己下毒

佐藤說：「當初想到鄉間過耕讀生活太過浪漫，沒弄清楚現實環境之惡劣與遭破壞之程度，住了之後才知道想到鄉下落腳並不容易，各種蚊蟲異常兇猛，種植的蔬果迅速被各種惡草、昆蟲、真菌、病毒吞噬，無一次例外，除非你下毒。生態已失衡，這裡的害蟲早已沒了天敵。」的確，現場雖然有大樹，但卻沒聽到麻雀、鳥兒鳴叫，拜訪當天還看到一隻肥大的田鼠死在菜園旁，據阿德推測，牠們恐怕都是吃了過多有毒昆蟲而死。

古厝拆或不拆？拆關鍵！

至於古厝的部分共有主副兩棟，主棟所有權屬於佐藤，副棟則是跟原地主兄弟承租，因此主棟的翻新幅度遠大於副棟。主棟做為工作、閱讀及睡覺的空間；副棟則是餐廳、廚房及衛浴空間。由於改造經費有限，又想保留古厝的特色，屋頂的層板及瓦片並沒有更新，並保留住原本的樑架結構之美。但這個決定造成日後一個重大困擾——住在屋頂裡的爬蟲類及昆蟲依舊住在裡面，尤其是大量的壁虎排泄物，已經嚴重造成副棟餐廳用餐時的困擾，索性又將天花板都用合板封起。

「房子改造後並不舒適，院子我已經形容過，至於屋內也狀況連連始料未及，基本上仍是蟲子與毒物，每天要清掃成堆的螞蟻。」主要的問題還是出在只換新天花板的副棟身上，「壁虎、癩蛤蟆、老鼠是帶隊進入飯廳廚房，除了每天清掃螞蟻外，還要清洗壁虎屎、老鼠屎、癩蛤蟆屎，牠們極為惡臭、難以想像。當初似乎應該把小屋拆掉重建才有可能一勞永逸吧。我現在才理解為什麼住在老房子裡的人總是希望重建，而知識分子則希望保留文化資產，兩方顯然有不同的需求。」

就‧是‧下‧不‧了‧手！

「我目前要上班工作忙碌，不能奢望過自給自足的生活，對於改善環境的理想是一場持久的戰爭，我期待我會有多一點時間（也許要等到退休）和更多心力與它做持久戰。它也不是個無解的難題，只是需要花時間，不能放棄希望，現在沒時間就只能任它欺負。」曾經，備受蟲害侵擾的佐藤也很掙扎，接受了鄰居農友的建議，準備要消滅土地上的惡蟲惡草，狠下心買了很多毒藥、噴灑器，「但我始終狠不下心、下不了手！」那些武器一直放在倉庫裡。最後，他終於下定決心，不要再去想下毒的事了。

也許是土地感受到佐藤的用心，這塊地

1＿佐藤住了一陣子後，因受不了大量掉落的壁虎屎，只好將天花板封住。

2＿副棟的餐廳及廚房，在剛改造完時的天花板很精緻地用一根根的板材拼接而成。

3＿原本的副棟主要是廚房及餐廳，牆面上還留有油煙的痕跡。

4＿從兩棟之間的走道往副棟裡面看，第一個空間是餐廳。

5＿副棟的老門經過修復之後再利用，可以再度聽到老房子常有的ㄍㄧˇㄍㄨㄞˊ聲。

改造現場

戶外圍牆與庭院施工側錄

透過施工側錄，記錄有趣或有創意的工程小階段，瞭解對老樹的呵護與處理，以及圍牆大門的創意，並重新鋪了曬穀場（埕），可做多種用途。

1 沿著邊界線砌花台，將乾淨的土倒入花台中。目前種的是香草迷迭香，長得十分健壯。

2 人工鋪面要與圍牆之間保持一段距離，做為洩水通道使用，現場先木作出一個簡單的直角當基準。

3 這道雙面交錯釘上木格柵的大門，其實還滿重的，是在工廠將鐵框做好運來之後，師傅再於現場裝上木格柵。

4 古厝前方原本就有埕，鋪上一層新的水泥，待較硬的時候噴水澆灌，並用切割機切出方格線。

5 圍繞著大樹用磚塊堆砌出一圈可以坐臥的矮牆，佐藤的理想是夏日可以與朋友圍繞樹下乘涼。

今年竟然順利長出迷迭香，雖然它本來就滿好種植，但終究是一大鼓勵。訪客來時，順手摘一段泡成香草茶請客人喝，讓佐藤暫時沾到田園夢的邊。

土地的惡形惡狀當做是出疹子

「我想我會再堅持個幾年，不施藥讓土地排毒看看。現在生命極強的惡草、蟲害等就像是土地在出疹子，疹子再讓它出個幾年看看，若無法改善我將棄守，移民到別的地方。以前我讀書總從學理來看台灣農村，現在才理解不是什麼城鄉差距，根本是落荒而逃。我會堅持不下毒，但是我遲早也會步上他們的後塵，落荒而逃。」

光是堅持不用農藥這點，我就很欽佩佐藤，雖然我也不是很樂觀，因為周遭的土地和球場持續下毒，光靠佐藤小小的兩甲地，恐怕排一輩子也排不完。但他願意為了這塊地而繼續忍耐蟲害，以及田園夢越離越遠的殘酷，著實令人欽佩啊！

試著從不同角度看事情

透過阿德的記錄，看著佐藤當初改造基地與老房子的過程，其實是十分用心且獨具想法的，若今天他不是因為選到這塊地，應該已經過著十分舒適的田園生活了。但換另一個角度來看，這塊地遇到佐藤，並不是一件壞事；佐藤保留下基地的老荔枝、龍眼及

楊桃樹，並改造了古厝中的格局，讓動線更能滿足他的生活需求。

佐藤說：「人類無止境的需求，造成台灣土地破壞、生態失衡。改造土地先要改造心靈，有機與綠色農業是台灣必須要走的路，沒有捷徑，走才有活路、不走死路一條！這是個理想，我們要有心理準備，要花三代人來完成改造。」

試想，如果每位對環保有共識的人，都買下一塊原本使用農藥的土地，讓它漸漸恢復生機，並組織成社區團體，團結預防污染水源及環境的財團或個人，國土還是有復原希望的。

後記：替佐藤憂心的我回來後和朋友討論對策。系統調整師陳國榮建議兩種解決法，一是創造多樣生態物種，例如種植耐陰蕨類，一旦創造出青蛙能夠生存的環境，或可增加其他昆蟲數量，減少蚊子牛虻。「住南投時，庭院人工植被經過幾階段自然演化，開始是韓國草皮、接著是鬼針草和爬藤雜草；拔除後土地鬆開，雨季之後便長出半公尺高菊科植物。這種植物拿鐮刀一砍就倒一片，倒下腐爛後又長出不同植物。」另一個是蓄水，「物種缺乏可能源自小生態系元素不足，在雨季來臨前先勘查較低窪地區、挖好導引渠，在低處創造集水土坑，準備種些植物。勿任雨水流到別處或直接排入水溝浪費掉。」大地旅人教育環境工作室江慧儀則認為大自然本來毒蛇猛蟲就居多，加上只有那塊地沒下毒，所以承擔比別家更多的量。「至於種蔬菜可用同伴植物的方法，或不要將同種植物全種在一起，也可種些混淆昆蟲的植物以保護想要留下的蔬菜。」

1_ 很久沒看到這麼渾圓的茄苳，都市裡的茄苳都修得高高長長的。

2_ 剛鋪好韓國草皮時的整齊模樣。

3_ 遠看大門，被板材修飾得頗自然，甚至與前後景的綠意相襯托。

▶▶ 改造預算表

工程名稱	費用（元）	費用%
整地及景觀工程	600,000	33%
結構整修及內部裝修	1,200,000	67%
合計	1,800,000	100%

▶▶ 自家工班推薦

設計師：陳恥德

一位同理屋主心情的設計師，目前正在規劃基地後方空間，希望能與設計師繼續合作。

連絡：0933-724-880
tzutechen@gmail.com

HOUSE DATA

柯基樂翻天

屋齡	36 年
建坪	約 22 坪
格局	前平台、客廳、工作室、臥室、父母房、衛浴、廚房、陽台
結構	加強磚造

[台北市北投區 ▶ 公寓]

一切都是為了愛
百萬級柯基豪宅

在尚未擁有自己的房子之前,公寓不能養狗,只好把「摸摸」留在工作室。每次回家前,都要和牠抱頭痛哭、難捨難分。現在,摸摸和摸妞是這間房子的老大,可以盡情享受主人呵護及無盡的美食饗宴!

FAMILY STORY

屋主：劉冠伶
金工創作者、大學金工銀飾講師，於 2006 年成立草山金工
工作室。作品曾獲國家工藝獎並永久典藏。目前在工作室、
當代藝術館、社區大學均有對外開班授課，愛柯基成痴。
email / karen@grasshill.net
website / www.grasshill.net（草山金工）

取材時 2009 年 12 月：冠伶 30 歲
成立草山金工 WorkShop：2007 年 6 月
領養柯基犬「摸摸」：2007 年 11 月
開始找房子：2008 年 2 月
買下 35 年老透天一樓（每月房貸 1 萬 7000 元）：2009 年 1 月
老爸進場木作：2009 年 1～2 月
與妹妹刷油漆：2009 年 1 月
老爸製作木家具：2009 年 3～4 月
改造完成：2009 年 5 月
領養第二隻柯基犬「摸妞」：2009 年 9 月

1 _ 爸爸手作的信箱小屋和樓梯扶手。

2 _ 冠伶很喜歡沿著房子底部擋土牆所堆砌的厚實石塊，讓
　　她想起小時候花蓮的外婆家。

3 _ 門口前的樓梯空間放置空調主機和水電，透過植栽成功
　　美化了進門角落，給訪客清新的印象。

　　　這下好像來到了狗兒當家作主的房子裡，我們坐在客廳地上聊天喝茶，「男主人」摸摸則在沙發上啃骨頭、「女主人」摸妞還跳到臥室潔白的床單上吃零食；想到的時候，兩隻狗還會爭風吃醋撲向屋主撒嬌，或逕自在一旁玩起來。

收容流浪柯基犬　開啟找屋之路

　　　對四歲的摸摸而言，這樣自由自在的日子並不是從以前就有，「摸摸是一隻走失的柯基犬，工作室的學生撿到不能帶回家，就先寄放在我的工作室。幫忙照顧期間，對不能叫的牠產生了感情。之後一直找不到原主人，久而久之牠就留在工作室了。」經過前任主人的訓練，摸摸不會在工作室隨地大小便、不會亂跳亂咬，還會陪著冠伶度過幾次加班趕工的夜晚，「我以前並不是愛狗的人，甚至覺得牠們會有狗味或衛生習慣不好之類，可是我卻超愛摸摸的！」摸摸正式成為工作室的成員之一。

　　　當時冠伶跟父母都住在公寓裡，不方便養狗，摸摸只好住在工作室。每天晚上要離開工作室時，摸摸不停地要主人抱抱、不願主人離開的淚汪汪大眼和啜泣聲，總是讓冠伶很不捨，「回家前我常跟摸摸抱頭痛哭，每天的離別對我跟牠而言都是莫大的打擊，讓牠孤伶伶待在工作室更讓我於心不忍，我很急切希望能找到一間可以把摸摸帶回家的房子。」

尋尋覓覓了半年，在父母幫忙下，終於在北投找到一間老式公寓，因為它只有三層樓，且格局狹長如同傳統連棟老透天，只有樓梯是對外共用，冠伶要看的是一樓。「它是位於斜坡上的房子，因為地形的關係，要到家門口得先爬一段小石梯。房子前的步道可以看到石牆砌成的擋土牆，很像我小時候花蓮南濱旁邊的外婆家，加上我來看房子的時候剛好是黃昏，從大平台看到觀音山日落，十分美麗，而且屋主急於脫手，價格是我能力可負擔範圍，沒有多想，就決定買了！」

全家共同參與木作DIY團隊

房子本身經過兩任屋主，第一位屋主在這裡住了二十多年，然後賣給第二位屋主，第二位屋主把走道旁的房中房隔間拆掉之後，狹長的空間變得明亮許多，但他並沒有搬進來住，房子因此空了四、五個月。冠伶接手後，還需要做局部改造，例如鋪木地板、製作書架及重新上漆，不過不需要找工班，因為父母親、妹妹與男友都已蓄勢待發、準備一起改造這個家。

母親負責支援父親，兩人算是木工組專業團隊，而冠伶、妹妹與男友則負責上漆、支援木工組，幫牆壁、平台屋簷下的鐵架上白漆。並幫父親把裁切好的木料打磨、上植物油。

冠伶的父親從事古董古玉買賣，閒暇時很喜歡做木工、木家具，不過，鋪木地板倒

1_ 從工作室往客廳看，爸爸鋪的原木地板讓客廳更加溫暖，落地門外就是前平台。

2_ 用原木長桌做為電視櫃，減少不必要的木作，連踢腳板也蓋上板材。右邊的玄關櫃與電視櫃就是之前室外陽台與室內的交界處。

3_ 工作桌兼書房，分別是冠伶與從事偶動畫創作男友的工作區，為保持工作區不受干擾，兩人都互不越界。

是第一次。「為了學鋪木地板，我爸爸還故意去熟人工地，表面上說要幫忙，其實是偷學。」冠伶俏皮地開玩笑說。問冠伶為何只鋪父母房跟客廳？答案也很妙：「因為我爸覺得全鋪太累了，他原本只想鋪自己的房間，在我的強烈抗議之下才加鋪客廳，工作室就不鋪了，維持原本的磁磚地板。」除地板之外，連前面平台的南方松、門口前的樓梯兩旁手扶欄杆，都是爸爸的傑作，讓人著實歎為觀止！

也許是多年研究古董、藝術品的關係，爸爸對原木也有獨特的品味與審美觀，他釘的書架與家具都是使用不貼皮、沒上漆的自然實木，書架與書桌搭配輕型鋼架，造型簡單不輸設計款，而且堅固耐用。

1_ 原本的浴室牆面都貼磁磚，熱心的友人直接在磁磚牆上抹上水泥，省掉拆除費，不過久了之後牆面會有裂痕，頗有頹廢之美，端看個人的接受度。鏡面則搭配刷白的原木框。

2_ 沙發旁櫃子上擺著許多男友收藏的玩具。

3_ 為慶祝新居落成，藝術家朋友做了一盞棉花吊燈。

4_ 書架也分成兩邊使用，冠伶這邊以書本雜誌居多，可以發現不少柯基相關的書籍。

5_ 近看書架，原木層板搭配輕鋼骨組件，既簡單又堅固實用。

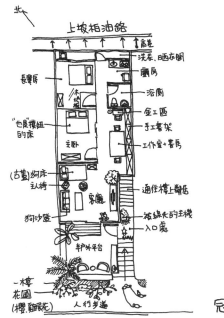

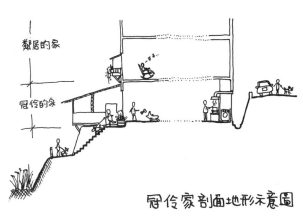

冠伶家平面示意圖

冠伶家剖面地形示意圖

待木作完成之後，就是家具、色彩、以及最具有畫龍點睛效果的「植栽綠化」。冠伶的母親多年從事園藝工作，了解植物特性，選擇了適合放在室內的耐陰植物增加空間的生命力。室外樓梯旁的小花圍，則種上冠伶最喜歡的櫻花與鹿角樹（雞蛋花），輪流開花，鄰居經過時總是有花可賞。

堅持「以領養代替購買」

後來工作變得更加繁忙，整週竟只剩週一可以放假，於是想再領養一隻柯基來陪伴摸摸，為此她開始研讀柯基相關書籍。冠伶的書架上有《柯基》日文月刊、還有專書《柯基的調教與飼養方法》。「不過，我有

『以領養代替購買』的堅持，硬是不想去寵物店購買，我透過網路上流浪動物網站或收容所找尋，結果很幸運從奇集集網站領養到摸妞。」摸妞來的時候年紀尚小，十分可愛，儘管冠伶已熟讀柯基的調教方法，但是只要摸妞用無辜大眼搭配無邪的微笑，所有的訓練課程都拋諸腦後。因此目前摸妞是家中老大、有受過訓練的摸摸排第二，其他人基本上都是服侍兩隻柯基的家傭。「朋友都笑稱這裡是百萬級的狗窩。」冠伶苦笑說。

因為小小距離　反而與父母更親密

另外一個收穫，則是兩代之間有了緩衝的空間。畢業後與父母同住近十年，總覺得

1_ 遛狗時間到！這是摸摸與摸妞最高興的時刻。之前摸摸待在位於市區的工作室，遛狗只能與車流爭道，
十分辛苦。而這裡空間充裕、不須擔心來車，還有草地讓兩個孩子放心玩耍。

2_ 家門前的景觀步道，是柯基們和鄰居狗狗互相挑釁的最佳地理位置，而且常有「轉角遇到貓」的驚喜。

住在家裡沒自由，多少會被唸，假日更迫不及待要外出找朋友。這間房子雖然離老家很近，但現在有了自己的小窩，父母雖然偶而還是會來，但比較不容易起衝突，多的是一份關懷，週末也會一同郊遊。有時在工作室不想待太晚，就回家與男友（也是室友）一起繼續趕工。男友是偶動畫創作者，兩人在摸摸與摸妞的督促下，在大工作桌兩側各自忙碌著。問冠伶是否滿意現在的生活，她毫不猶豫地回答：「我很喜歡老舊的空間與氣氛，這是一間老房子，裡面的裝潢佈置是爸媽、妹妹及男友努力的成果，更是摸摸與摸妞能夠自在生活的小窩，要帶牠們出門散步也很方便，我住在這裡很享受、很滿足！當然，如果能夠再撥些時間陪牠們就更好囉！」

Do
It
Yourself

木地板
自己來！

木地板自己來！
全家一同參與木作
工程，爸爸與媽媽
負責裁切板材、冠
伶負責打磨、男友
負責上漆，大概一
週內就完成木地板
的部分。

1 在原有的磁磚地板上，先鋪上一層防潮塑膠布、再鋪上一層底板。

2 備妥的木地板板材，是跟木工廠訂做的地板專用板材，兩邊分別是凸起與凹槽，方便板材之間的固定。

3 幫木料打磨讓它更光滑。

4 打磨之後、再上植物油，可以提高木料的防蟲防潮效果，也能保有觸感。

5 決定尺寸裁切板材長度。

6 將板材卡緊，每固定完一道，就用鐵鎚敲打增加密實度。

7 這是第三階段的施工，把已經上過底漆打磨過的原木地板一片一片嵌接，用ㄇ形釘釘槍在距離約 30 公分位置處斜釘在夾板上。

改造現場

自家人工班
成本＝無價！

1 夕陽西下，在旁摸魚的女兒偷拍正在努力趕工的父母親。

2 睡了一天的摸摸，背後是阿公的木工裁切機。

3 爸媽在忙了一天之後的合照。

4 男友與妹妹一起將屋簷下原本紅色的三角鐵架漆成白色。

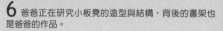

5 在工地某處安靜角落，摸摸正安穩地睡著。

6 爸爸正在研究小板凳的造型與結構，背後的書架也是爸爸的作品。

IDEA

領養取代購買
給流浪動物
一個家

流浪動物網站：國內動物保護團體或個人所成立的網站，包括「動物共和國」、「流浪動物花園」、「高雄市流浪動物關懷協會」、「台中世聯」等，收容並治療被主人惡意遺棄或走失的流浪狗、繁殖場利用過的血統種母種公等，出養時均已結紮以防被有心人士利用，領養時須支付幾千元的醫療、疫苗及結紮費用。

▶▶ 改造預算表

工程名稱	費用（元）	費用%
拆除、清運廢棄物	3,000	1%
木作	70,000	33%
水電	5,000	2%
鋁窗、玻璃	2,000	1%
油漆及防水	5,000	2%
廚具、冷氣、衛浴等雜項	100,000	47%
植栽綠化	5,000	2%
工具	25,000	12%
合計	215,000	100%

▶▶ 自家工班推薦

木作：爸爸媽媽
願意不計一切代價把所有木作工程做到好，而且實用、平價、有質感。
連絡：純粹愛女心切、目前不對外服務。

HOUSE DATA

花樣年華

屋齡	30 年
建坪	35 坪
格局	前陽台、客廳、臥室、倉庫、走道（書桌、小餐廳）、廚房、洗衣間、後陽台（曬衣區）
結構	RC

[台北市 ▸ 公寓]

視野所及，沒一樣是「新」的！

遷至空蕩無物的房子，堅持房舍裡一切家具、家飾、道具皆用「舊」的並不容易，舊、好搭、又堪使用的家具更難尋覓，可是謝朝宇卻做到了，他總是「得意」地對訪客說：「在我的住所，你視野所及的任何家具及家飾，沒有一樣是新的！」

FAMILY STORY

屋主：謝朝宇

目前投身政府顧問業，負責城鄉發展、產業振興、商圈營造、景觀規劃、文化創意、行銷企劃等相關業務。從 2000 年開始收集老件如舊家具、老五金與家用品，種類廣泛，只要型好看、還可使用就收，類型包括台灣早期台式、仿日式、仿北歐、仿南歐等。

email / yorick9999@yahoo.com.tw

取材時 2010 年 1 月：朝宇 33 歲
與室友合租公寓：2001 年
開始大量收藏老件：2002 年
收藏擠爆公寓、室友要求搬遷：2004 年 2 月
租下現在這間老房子：2004 年 3 月
買下老房子：2008 年 9 月

1_ 這一側是靠房間的牆，從冰箱往客廳看，雖然櫃子多、
走道寬度有限，透過櫃子的高低變化與鏡面，反而有一
種親密感。

2_ 這兩張紅色沙發是過年時在大稻埕路邊撿到，幾乎很完
好，搭配立燈，成為舒服的閱讀角落。

不知你有無似曾的經驗，到某些人家裡，看著曾經陪伴家庭三、四十年的老沙發，或者觸摸用了五十年的老檜木書桌，一旁昏黃靜默懸繫牆面的老壁燈，你會聽到它的故事、讀到它的過去……

走進謝朝宇的家，迎接你的是老屋的體溫、是時光輕踩的腳印，以及潛藏生活底蘊的暖和色階。我如幻地想像著，紅色單人沙發問房子，「她是誰？」房子搖頭，然後我自得其樂地竊笑，想像著它們猜謎似的對話，直到屋主端茶出來，我才開始把注意力轉到「人」身上。

沉迷老家具　室友要求另覓住所

五年前某天，室友再也受不了客餐廳、甚至廚房擺滿老家具，終於開口要求朝宇另尋住處。「剛開始在合租公寓裡擺設老家具時，室友還頗贊同空間有了迥異質感，朋友來訪也多表心羨之意。」朝宇回想，「但隨著屋內老件遞增，由滿變擠，甚而『溢』進室友最在意的廚房時，進而也終止了這房舍的合租關係。」

狹長型老公寓正合胃口

雖搬家在即，很幸運地朝宇就在原屋附近找到「House Right」。這間老公寓雖然租金

合理卻乏人問津,問題出在它的狹長型格局。很多房客看到之後覺得不夠方正、難以使用,但朝宇看了卻立刻簽約。「我偏好傳統狹長型的街屋空間,依著直條狀之廓型,藉由老家具軸線定點擺置,創發出一進一進的空間感,順勢也鋪陳屋內老家具各自伸展的律動感!」

後天的生活經歷　開啟收集之路

促使朝宇開始收集老件有許多原因。「我爸媽帶我逛古董店,是兒時生活的有趣記憶,古董家具、玉、水晶、磁器等常圍繞著我的視野,當時對古董無喜惡上的認知,回想起來,潛意識多少耳濡目染。之後我唸景觀建築,一頭栽進設計領域,我很愛翻閱國外的設計雜誌,發現當 grandma 的老家具適切運用於生活中,頓時為空間型塑溫和質地與念舊風情,一次次啟迪我的懷舊美學神經!」

不過這都只是前期預備而已,朝宇畢業之後,並沒有因此開始迷戀老件,而是過著單純的上班族生活。「從小我就是個標準的電視兒童,電視遙控器似乎是我身上不可或缺的器官,當了上班族,工作到半夜十二點回家,下意識還是會反射性地看電視到凌晨兩、三點才就寢,直到有一天突然很厭煩自己這樣,下定決心要擺脫電視!」把第四台線路剪掉的那刻,朝宇似乎又為自己搭接了一條收集老家具的天線!

1＿ 朝宇收集的老件似乎不分國界，而是他個人喜歡的觸感
　　為優先。

2＿ 早期的檜木書架十分堅固，即使跨距很長也不會微笑。
　　書架旁的老電視機和時鐘，是不是很眼熟？

3＿ 從客廳通往房間的是狹長走道，因寬度夠，順著走道配
　　置出書桌、書架以及用餐小桌。另外一側則放置五斗櫃。
　　櫃子上方仍可擺放收藏品。

4＿ 走道末端離廚房近，是小小的用餐區，較矮的冰箱拿來
　　當乾糧收納櫃，右邊的老冰箱則大約有三十來歲的年紀，
　　一直用到今天都運作正常。

5＿ 走道地板仍可看到老公寓原本地板，是較罕見的大顆洗
　　石子，老家具來到這簡直就像回到家一樣熟悉吧！

上了王家衛的癮

　　老件的風格多以台灣早期流行的歐式、太空風為主。這些偏好受到電影的影響居多，「我看了多次王家衛《花樣年華》、《2046》，美術指導張叔平極擅長運用幽微色溫，以及人步行在走道中的光影來表現低調的愛情，最著迷的時期還要求當時女友穿旗袍哩！」電影裡面老舊的頹廢感與觸感，連我也很愛，女主角下樓手觸摸著原木扶梯時的近拍，以及兩人在餐廳討論時所拿的半透明翠玉咖啡杯……應該也讓不少人心蕩神馳吧。

從北到南、由西向東，縱橫全台的尋寶探險！

　　朝宇就這樣一頭栽了下去。我以為收集老件就是上網下標或去二手家具店採購，可是朝宇下意識想要找些從沒被發掘過的老件，尤其是舊開關、老把手、配件五金等小東西。於是，當時朝宇在眾多同好帶路下，開始了逛跳蚤市場的新生活運動，「我不在家，就在跳蚤市場；不在跳蚤市場，就在去跳蚤市場的路上。」從北部的跳蚤市場逛起，如三重新橋跳蚤市場、永和福和橋跳蚤市場，以及新興的天母創意市集與1914華山創意市集，都是朝宇週休二日必定安排的定點行程，後來聽人說大同區的涼州街附近凌晨就有跳蚤市場，也曾瘋狂不睡覺凌晨跑去湊熱鬧。

　　北部跳蚤市場似乎滿足不了深陷懷舊情緒的朝宇，又在同好邀約下，尋寶腳步也開始往南或向東邁進。除了遊逛各縣市跳蚤市場外，另一重要驚喜便是朝聖全台同好前輩們為收藏而開設的店。這些前輩因重度喜愛老家具，又想與人分享收藏心境，進而紛紛開設起懷舊餐廳、普普風咖啡館或是風格夜店。每每來到同好前輩的店裡，都讓朝宇猶如來到私人博物館般，一窺堂奧，流連忘返。

　　近年來，不知是否是電影電視等媒體推波助瀾，懷舊浪潮似乎成為顯學，朝宇感慨著：「以往總覺得台灣社會處於十足喜新厭舊的狀態，為了都市更新、城市再造，老想把歷史建築拆了蓋大樓、建豪宅，但弔詭的是，國人攢了錢特地到國外旅行，卻又愛看

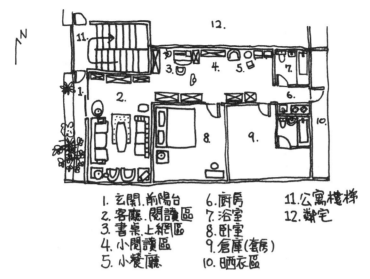

1. 玄關.前陽台　　6. 廚房　　　　11. 公寓樓梯
2. 客廳.閱讀區　　7. 浴室　　　　12. 數宅
3. 書桌.上網區　　8. 臥室
4. 小閱讀區　　　 9. 倉庫(套房)
5. 小餐廳　　　　10. 晒衣區

朝宇家平面示意圖

別人的歷史建築，同時還深感他國文化素養的高度。不過近來一股老屋新用的風氣在台也逐漸推展開來，老房子再利用給人們更豐富的想像空間及創意彈性。老房子裡賣咖啡、賣火鍋、賣漢堡、賣畫……儼然成了另一種城市『舊』復興運動，緩緩牽動著居住在裡頭人們的共同記憶及心情底事。」

「我不裝潢，我用裝置。」

老歸老，這間房子倒沒什麼大問題，沒有漏水問題、前任屋主也將管線更新過，而被他人視為缺陷的狹長格局對朝宇來說又反而是優勢，因此朝宇決定以「裝置」來改造老屋。因為他的家具型態及顏色多樣，故決定將牆漆上白漆，「原本要貼普普風壁紙，後來怕會讓空間變得很花很亂、沒有重點。」

最重要的客廳主角——爸媽結婚時訂製的三人座灰色呢布沙發（陪伴朝宇從小到大）首先到場，接著是年節期間大稻埕業者汰換掉的兩張紅色單人沙發、以及網路上競標的大理石扶手三人沙發，居然都和這個客廳非常契合擺放就位。「早期沙發小而美，所以五坪不到的客廳，很不可思議地容納了共計八人座的沙發！」假日好友來這喝午茶、話家常，常因氣氛太悠閒，竟從下午茶進而聚會到晚餐甚至午夜，可見實在太令人放鬆了！

「老實說，我並不想去外面小酌，朋友可以約在我家，這裡什麼音樂都有，空間又大，簡直就是專屬的私人聚會沙龍。」

一個人時，做什麼消遣呢？「我不再看電視，我把客廳賦予『閱讀』的空間機能。」這倒滿令我訝異的，因為看書行為多發生在睡前床頭、搭車及等待等時候，要在家好好把一本書看完，連續讀幾小時不心浮氣躁並不容易（當然啦，除非是看阿羚的書，呵），但看著眼前朝宇的客廳，想像它平靜地包覆著閱書人，也許真有可能喔！

有時候我會自問，帶著疲憊身心回到家的上班族，需要的家是照明充足的明亮感、還是悠悠朦朧的點狀黃光？恐怕沒有一定的答案。我只知道待在朝宇的房子裡，或許只會越來越「宅」、越來越「戀家」，因為有這些老東西，他們有無數個故事陪伴你，你將不會孤單、也不會想出門。

1_ 臥室面積頗大，跟客廳幾乎一樣大，不過裡面的家具就少了許多。臥室的門口與走道相接，直接面對的是書架，從床的角度可看到小餐廳。

2_ 櫃子上的桌燈光影映在牆面上極具張力。

3_ 朝宇收集的老件似乎不分國界，而是他個人喜歡的觸感為優先，所以你可以看到土耳其式的燈座、西方的裁縫機與台灣的木雕片聚在一起。

4_ 走道旁的五斗櫃塞滿早期的五金小東西。

5_ 馬桶上方的小花窗，是從廢棄民宅拆卸下來的，保留原本斑駁的漆面，直接掛上。

6_ 這兩個招牌是趁著公家老建築拆除時，跑進工地搶救出來的。廁所吊燈是極簡自由圓形的口吹玻璃。

IDEA

二手家具尋寶

二手家具沒有一定的行情，只能多看、多比較，最好能夠到現場體驗，網路上瀏覽並不準。二手家具也分為有品牌跟沒有品牌的，有品牌的二手家具，常見諸如 Panton、Eames 等，可以跟商家要求身分證，Uncle Jacks、阿元等店面，當然價位相對驚人。朝宇較常找的是早期台灣跟著普普風潮流所設計或仿製的家具，價格相對便宜許多，而且還是很有型，可以在摩登波麗、魔椅 Mooi! 或拍賣網站找到。

▶▶ 改造預算
總計約 780,000 元

▶▶ 家具尋寶樂園推薦

50～60 年代歐洲家具店：魔椅 mooi
城市舊貨生活空間設計指南。
連絡：02-2765-5152

家具店：加工廠 _fabrik
結合鐵、鋁、木頭等複合材質的工業風家具店，為您建構生活美感之新去處。
連絡：02-3393-8617
blog.roodo.com/fabrik/archives/10683547.html

家具店：摩登波麗
專營北歐生活傢俬，同時也是 KARIMOKU-60 日本原廠授權經銷店。
連絡：02-2703-9138、www.image70s.com

HOUSE DATA

Cindy & YaYa 的家

屋齡	35 年
建坪	38 坪
格局	前陽台、大客廳、餐廳、廚房、主臥、小孩房、衛浴
結構	加強磚造

[台北市 ▶ 公寓]

等了三十年
老公寓終於不寂寞

完工後從沒人住過，已空蕩蕩三十年足的老公寓，五年前幸運地遇到了雅蘭，雖然資金不足，但有心豐富老房子的雅蘭，自己手作家具，不但大幅壓低成本，又可以依照自己心中的樣貌製作，終於達成家具 DIY 的目標！

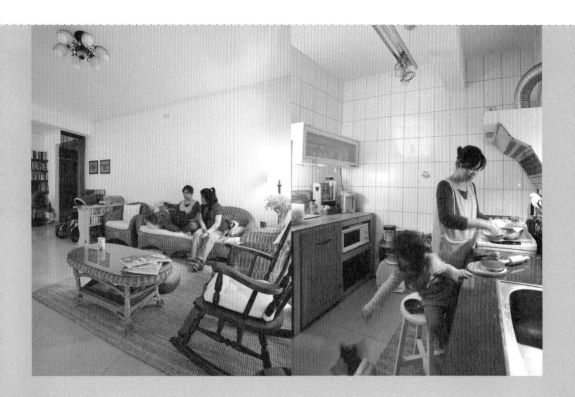

FAMILY STORY

屋主：詹雅蘭
生活家，每天觀察思考著親子、老人、住家、美食和自己的
生活，並且樂在其中。目前為自由文字工作者，因朋友多、
加上用心寫稿，至今稿源不斷，忙碌程度不輸上班，不過若
你想要發稿請她寫，也歡迎與她連絡，多賺稿費早日付清房
貸！
email / yalanda0120@gmail.com
blog / www.wretch.cc/blog/cindyaya

取材時 2010 年 1 月：雅蘭 37 歲、Cindy 3 歲、史考
特 38 歲
房子完工：1975 年
雅蘭的母親買下閒置的老公寓：2004 年 3 月
二手家具接收、旅行採買：2004 年 3 ～ 9 月
上木工課：2004 年 3 月
自製大型家具、木工 DIY：2004 年 3 ～ 12 月
佈置完成：2005 年 4 月
Cindy 出生：2007 年 1 月
決定跟母親買下老公寓：至今仍在央求中

1_ Cindy 的小房子就蓋在這裡，後面的櫃子也都是雅蘭做的。

2_ 自己設計、自己做的 CD 櫃，成本價三百元，沒有上漆的實木不含揮發劑，不會影響孩子健康。

一個人一輩子會交到幾位正氣凜然、有生活情調的聰明人？很幸運地我擁有這樣一位朋友、之前的同事雅蘭。第一次拜訪雅蘭的家，是雅蘭好友借用廚房大秀廚藝。印象最深刻的，莫過於大家圍著雅蘭自己手作的大桌子一起吃飯，有一種取用之於雅蘭的錯覺──沒錯，大桌子是雅蘭自己做出來的！

錢不夠？ 木家具自己做！

「我很喜歡自然感的家具，本來家中所有的木家具及木作都想找人訂做，當時我只是個窮人家，聽到報價時立刻放棄，而且質感還不一定到位。沒得選，只能自己做了！」

雅蘭去上木工課，所有家具自己做，只要支出上課學費與材料費。「每上一堂課要繳五百元、材料費另計，我盡量在課堂上把要做的家具詢問清楚，這樣即使現場沒做完，還可以帶回家做。」餐桌材料費二千元、餐椅長凳五百元、書架成本二千元，以這樣的價格若要求同等質感，在訂製家具店是問不到的，更遑論現成家具店了。

第一次上木工課就要學刨木頭。首先要設法將兩百公分高的木塊扛到自己的工作檯上，同時要十分小心使用電鋸、修邊器，從一開始極度害怕到後來上癮，她花了整整一年，家中的餐椅、櫃子、書架、大餐桌陸續完成。

心疼！買間市區房子借女兒住

其實，這間位於台北市德惠街的三十年老房子，是母親在五年前買來「借」給雅蘭住的。雅蘭婚後與老公史考特住在深坑山邊，對習慣都市生活的母親而言，那是一處荒山野地，再加上每到寒冬看著女兒邊發抖邊騎機車回深坑，母親就忍不住紅了眼眶。

一天，母親打電話要雅蘭立刻回市區。「還沒走進去，只看外觀面寬而已，我媽就跟仲介說買下，接著就要我馬上回家！」母女倆站在對街好久，看著二樓公寓外觀，美好的居家幻想畫面就在雅蘭的腦海裡繞了一輪又一輪。

被大戶人家遺忘的好房子

老公寓本身格局十分寬敞方正，不同於以往公寓隔間總是隔了又隔，「這條街大部分房子，多屬郭姓及周姓兩大戶人家。我媽買下的這間是周姓大戶為女兒準備的嫁妝，因為要用作桌球室，所以客廳才這麼大，完全沒隔。」雅蘭的解釋讓我十分訝異，好野人果然想法不一樣。「不過，女兒並沒有真的拿來打桌球，這間房子一直空在那裡沒人住。我可以感覺出房子的孤單，還來不及被稱讚嶄新就老去，沒有回憶痕跡、沒有被愛的老房子。因此，我決定要讓這個房子有被陪伴、寵愛的感覺，用心為它找家具、裝扮它。我們當時雖然窮，但還是想盡了辦法！」

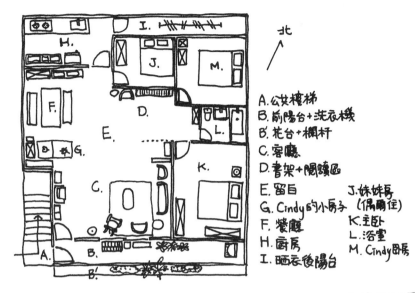

A. 公共樓梯
B. 前陽台+洗衣機
B'. 花台+欄杆
C. 客廳
D. 書架+閱讀區
E. 留白
G. Cindy的小房子
F. 餐廳
H. 廚房
I. 晒衣後陽台
J. 妹妹房 (偶爾住)
K. 主臥
L. 浴室
M. Cindy臥房

北

雅蘭家平面示意圖

1_ 原本從客廳區往廚房看去的模樣。

2_ 老公寓原本的陽台，地板與牆面鋪的是早期流行的小磁磚。

3_ 一進門先看到的就是狹長型的前陽台，Cindy 會陪著媽媽整理植栽。洗衣機被安穩地藏身在雅蘭手作的白色木架裡面，也因此多了上方的收納空間。

4_ 雅蘭第一眼就愛上前陽台美麗的老花窗，近中午時花窗的影子還會投射到客廳地板上。

1_ 媽媽為大房子打拼的同時，Cindy 也在有臥室和廚房的小
   房子裡，用爸爸的登山炊具做飯給老人家吃。

2_ 雅蘭把做木工、旅行、採購的故事寫下來，在 2005 年出
   版《玩房子》一書，以詼諧流暢的文筆記錄生活，讓人
   看了會心一笑。

3_ 友人曾告訴她，「每個人的一生都該有一張老桌子跟著，
   上面的痕跡就是他所有的活動記錄。」雅蘭始終沒遇到
   那張桌子，直到自己做了出來。

Do
It
Yourself

DIY 餐椅
有 fu 又可收納

一般鄉村風實木餐椅，下面通常都是掏空的。雅蘭針對自己的需求，做出兩張
好看又可收納的餐椅，只要把椅墊翻起來，下面就是大箱子了，而且每張成本
才五百元。

除了自己做木工、完成大部分的大型家具因而省下不少錢之外，雅蘭還透過網路拍賣、二手市集找到了許多寶貝。至於裝潢部分，則只是將整個地板更換、水電管線也換新，同時在天花板與牆壁的直角處貼上簡單的線板。「我並不打算填滿這間房子，家具占到空間的六分滿我就喊停。」房子擺設至今雖略微調整，但仍維持著六分滿的狀態，對雅蘭而言，這樣才清爽、自在。

Cindy來了！

也許是因為去泰國拜了四面佛，也或許是這間房子給雅蘭的禮物，兩年前，可愛的Cindy出生了！Cindy有著小大人的可愛，會在雅蘭幫她打造的小窩裡煮飯招待父母。父母在大房子吵架時，她就躲到自己的小房子裡忙。每天早上雅蘭帶著Cindy走幾步路到對面的托兒所後回家，她會先泡杯熱茶，兩手握著茶杯，感受傳遞到掌心的暖意，再開始寫稿。傍晚，再接Cindy回家。

雅蘭打算跟母親買下這間房子，「我家有五個姊妹，為了公平，我媽不能只把房子給我，因此我會買下它。」雅蘭很後悔五年前沒跟母親買下來，因為現在已經漲了當時房價的兩倍以上！目前雅蘭每月繳租金七千元給母親，（雅蘭笑稱簡直是雅房價！）看著雅蘭為房貸與Cindy奶粉錢奮鬥的背影，在此呼籲詹媽不要再跟女兒調漲了，也誠心祝福雅蘭早日買下這間房子！

1_ 可愛的粉紅電視機真的可以收看三台，而且遙控器也是
　　小電視造型！這是雅蘭跟一位準備回國的日本太太低價
　　購得。

2_ 從家的佈置看出屋主個性，雅蘭就跟她擺的花束一樣，
　　不豔麗、卻很耐看。

3_ 很難想像長達兩公尺的書架層板，都是由雅蘭一片一片
　　裁切出來的。這個書架也是訪客們最愛逗留的閱讀角落，
　　而且成本只要二千元！

▶▶ 改造預算表

工程名稱	費用（元）	費用%
浴室、廚房泥作與磁磚	100,000	13%
室內拋光石英磚、前後陽台地壁磚	240,000	30%
水電	100,000	13%
鋁窗氣密窗、木門、防盜門	220,000	27%
油漆	20,000	2%
冷氣空調	90,000	11%
燈具	20,000	2%
家具 DIY	10,000	1%
二手家具	4,000	1%
合計	804,000	100%

▶▶ 尋寶樂園推薦

木工：快樂女木匠（桃園）

短時間內教學生掌握木工技巧，只要耐操，
很快就可以體驗到做木家具的成就感。

連絡：03-222-3337

二手市集：內湖再生家具展示拍賣場

連絡：台北市內湖區行忠路 178 巷 1 號

HOUSE DATA

陌室蕭宅

屋齡	24 年
建坪	約 16 坪
格局	客廳、書房、廚房、臥室、浴室
結構	加強磚造

[高雄市 ▶ 公寓]

老公寓裡的春天晏如也

性情中人孟曲，像是 Q 版的五柳先生，她的率直與熱情讓我覺得又多了一位好朋友。十二月的高雄，中午依舊溫暖，陽光灑在字跡轉印的《五柳先生傳》玻璃拉門上，我們從普洱茶到排骨便當到海尼根，聽著買下老公寓、改造房子、微幅修改到完工的故事，每一個階段都是精彩的旅程。

🏠 FAMILY
STORY

屋主：孟曲、阿純
現任系統地圖特約採訪編輯，喜歡觀察自然生態、研究台灣
各大小廟宇建築之美，並延伸到廟宇文化、各地區在地文
化，目前正著手撰寫高雄六堆的客家文化與旅遊相關書籍，
有興趣的出版社或採訪媒體歡迎與她連絡！
email / z9z9q66@yahoo.com.tw
blog / blog.yam.com/alittlemouse（猴鼠闖天關）

取材時 2009 年 12 月：孟曲 38 歲
老家被查封：2005 年 5 月
透過親戚買下 20 餘年的老房子：2005 年 6 月
局部拆除：2005 年 7 月
原工班失聯、工程停頓：2005 年 7 月
設計師承接統包：2005 年 8 月
改造完成：2005 年 9 月

1_ 書房牆上掛著臨摹王羲之筆跡的陽雕竹片《蘭亭序》，搭配優雅的木雕框，孟曲自嘲是二十多歲年輕不懂事，花費她當時一個月的薪水買下。

2_ 客廳面積不大，電視櫃的部分用簡單的板材切割，收藏各種茶壺、茶杯、酒壺，地上的時鐘是來自阿公時代。天花板之前也漏水嚴重，直到樓上住進房客才解決問題。

很難想像一位六年級生的家可以這麼「早熟」，先是門口貼了傳統對聯、上面貼上鼠猴剪紙，進了家裡還擺放許多紫砂壺、酒甕、字畫，「當時年少不懂事，看到喜歡的就狂買起來收藏。」屋主孟曲，是我高雄友人阿香的老同事，第一次看到孟曲就覺得親切面善、樸實可愛。先泡了一壺好喝的普洱之後，才娓娓道來她的買屋、改屋的故事。

好不容易有個家

孟曲從小由阿公、阿嬤帶大，長大之後阿公過世，又與阿嬤兩人相依為命十幾年。後來阿嬤年紀大了，罹患阿茲海默症，需要長期隨身照護，而身為孫女的孟曲，工作需要常出差到不同地方，只好跟伯父求救，最後同意接阿嬤住進家裡，不過前提是孟曲也要一起搬去住，以便就近看護阿嬤。雖說以照顧阿嬤為條件，不收孟曲房租雜費，但寄人籬下總有種不好意思、不能表達太多自己需求的委屈，更遑論有屬於自己的空間。

就這樣住了幾年後，自己原本的家因故突然被查封，被通知再過一兩天門就會被換鎖，情急之下孟曲請當房仲的伯母代為找房子。也許是天公疼憨人，不久就有一位屋主準備要「跑路」，急著把房子低價脫手。孟曲來到現場發現採光充足、通風，而且鄰近捷運站，價格又十分划算，沒有特別再檢查屋況就點頭買下。自由業的孟曲是名特約採訪編輯，平常並沒特別儲蓄理財，所幸朋友

很多，房子的頭期款都是跟姐妹和窮朋友們籌來的，「大家都很熱心，但大部分也都住在家裡，或者結婚自己有房貸，總之各自收入都不多。有的借我幾千，有的借我一、兩萬，但他們都已經盡力，實在很感激。現在我一有收入，第一個要繳的就是分攤二十年的房貸，不能像以前那樣隨性買自己愛的書與字畫了。」孟曲啜了一口普洱茶後說，「不過我不後悔，有自己的家真的很滿足。」

「我是阿公阿嬤帶大的。」

客廳裡面擺的四張木椅，雖然是中式且有裝飾性圖樣，造型卻頗為細緻輕盈，有別於平常家具店看到的沈重紅木椅。「我是阿公阿嬤帶大的，從小成長的環境都是些台灣傳統的東西，當我還在幼稚園時，阿公開木工廠，自己手作客廳的家具，現在妳看到的這些椅子，都是我從小就用到大的，買了新家，當然要把阿公的家具都帶來。」這些椅子至今仍堅固舒服，而且十分適合孟曲小坪數的家。書房的玻璃拉門上，是由孟曲親自書寫的《五柳先生傳》全文，突然覺得，雖然孟曲不至於「短褐穿結、簞瓢屢空」，但她不拘小節、結合文人與行者的個性，倒是跟五柳先生頗像，兩人都是「晏如也」啊！

客廳與廚房地上鋪的是霧面仿陶磁磚，雖然孟曲為我們準備拖鞋，我還是忍不住想赤腳踩在上面……我超愛赤腳踩在陶磚、粗獷磁磚、沒上漆的實木地板、早期磨石子、

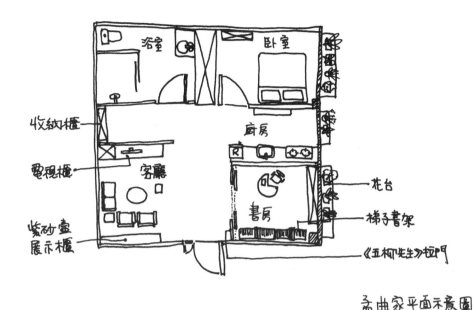

孟曲家平面示意圖

1_ 空間中的擺飾品就是孟曲熱衷的嗜好，包括茶、酒、咖啡和依時序自然落下的種子。

2_ 書房牆上的陽雕竹片《蘭亭序》所搭配的優雅木雕框的細部。

3_ 客廳牆上掛著蝙蝠雕刻，其中蝙蝠倒掛，取其諧音為「福氣到」。

4_ 近看廚房靠窗處的無辜白柚，一個被畫上笑臉、一個則慘遭三條線苦笑。孟曲覺得白柚是全世界最友善的水果，買到新的總是忍不住幫它們畫上表情。

5_ 書架上有好多「台灣」相關書籍，從歷史、產業、文化到藝術都有，她是正港的台灣人。

6_ 浴室雖普通，但洗臉盆是請美濃朋友以拉坯手繪製成，增添許多樂趣。

水泥地等材質上的觸感。這些材質會呼吸、透露空氣溼度、記載痕跡，它們會隨著使用而老舊變色，不會永遠都「新得跟假的一樣」。這點孟曲似乎比我更加沈迷，若以大人的眼光來看，她總是做一些「不正經」的「研究」，例如學習陶藝、研究茶道與茶壺、查訪台灣的老建築及老廟宇等，因為工作跟旅遊採訪有關，她與室友阿純常常騎著豪邁125到處趴趴走，同一個地點常常到訪許多次，因此培養出很濃厚的在地情感。「以廟來說，廟的建築就結合了許多的傳統工藝，諸如斗拱、垂花、石雕、彩繪、交趾陶、乃至於剪黏（先打破瓷片再黏貼出新形狀）等，像是台南佳里的金唐殿就可以看到很多寶貴的作品。」

Do
It
Yourself

自製木梯書架！

書房的書架是用梯子與層板組合而成，當時經費有限，覺得木作書架或現成書櫃的費用太高，想出這個方法，而且原木架的木梯還比合板的書櫃更為堅固。

講理的新大樓 vs. 講情的老公寓

不過這間老公寓唯一大缺點就是「漏水」。孟曲家位在五層樓公寓的四樓，照理說應該不會有漏水問題產生，然而五樓長期空置，甚至連窗戶也不關，每到下雨時，局部天花板開始滴滴答答，最嚴重當屬臥室，天花板遍佈黑色霉菌，下大雨時很多角落都要擺放水桶，「我們猜樓上已經變成游泳池了。」孟曲說，「我多次遇到樓上屋主回來拿信，告知漏水嚴重性，但他仍未改善，不得不寄存證信函，最後屋主有售屋打算，才開始進行防水工事，之後才不再漏水。」

孟曲住在台北的大姊一直希望她搬到電梯大樓去住，有較好的居住品質，「我去台北找姊姊時，一時之間很驚訝，大樓很乾淨、住戶素質整齊，規定不能吵鬧，公告欄貼的告示大家也都乖乖遵守，垃圾只要放到定點就好，很方便。」孟曲說，「我住的老公寓，大多是阿婆與歐巴桑，每天早上鄰居們都在一樓唱歌，是有點吵，也要自己下樓倒垃圾，不過與鄰居們就這樣相互認識了，我若有時要出差，只要跟樓下的阿婆交代一聲，大家互相幫忙看家、倒垃圾，走樓梯經過就互相寒暄。」對孟曲而言，高聳的電梯大樓住宅區是相對講理的地方；而矮矮舊舊的老公寓，則是比較講情的地方，各有好壞，「但是我很喜歡這裡，我願意一直住在這裡。」也許，廚房裡的白柚被畫上大大的笑臉，正是孟曲住在這裡內心最滿足的OS吧！

IDEA

沒裝修經驗吃大虧

保障三要素：簽約、詳細圖面、分期付款

房子裝修階段，並非一路順風。因孟曲沒有裝修分期付款的概念，只是心想能方便讓工頭做事，施工之前沒簽約、沒圖面，與工頭「口頭講好」之後就全額匯款給對方，沒想到拆沒幾道牆之後，工頭就人間蒸發、電話不接，「當時我好難過，總覺得沒希望了。」好在伯母查出工頭家，帶著一群人馬到現場要求退款，被工頭東扣西扣之後，只拿回一半左右的款項。經過一次教訓，孟曲聽從朋友的建議，找一位室內設計師來負責統籌，她將構想、材質、空間配置等想法請設計師轉為圖面，再由設計師自行發包給工班施作，雖然價格稍貴，但相對輕鬆，終於，這次得以順利完成。

▶▶ 改造預算表

工程名稱	費用（元）	費用%
拆除、清運廢棄物	90,000	17%
泥作	40,000	7%
磁磚	38,000	7%
木作	180,000	33%
水電	30,000	6%
鋁窗、玻璃	32,000	6%
油漆及防水	50,000	9%
廚具、冷氣、衛浴雜項	80,000	15%
合計	540,000	100%

▶▶ 自家工班推薦

室內設計：賓葉室內設計

體諒又窮又有一堆想法的屋主，盡可能幫忙完成。

連絡：可能太體諒人了，好像歇業了。

何宅 Bali Island

屋齡	30 年
建坪	25 坪
格局	玄關、客廳、起居空間、臥室、浴室
結構	RC

[高雄市 ▶ 電梯大樓]

21 樓的
高空渡假 Villa

很難想像在高樓大廈裡面，有一處看起來像「來自平地」的渡假 Villa ！運用布料、戶外磚、木雕板、厚實木料及拾得的百葉窗，自行 DIY，屋主何宇慢慢將老屋改造，結合峇里島的原木空間與自己喜歡的佈置風格，組合拼接出專屬於自己的渡假感家屋。

CREATIVE SPACE

FAMILY STORY

屋主：何建華
曾經任職港都電台節目製作十三年，目前於高雄經營道地泰國撞奶茶專賣店。喜歡原木、觸感、石雕、布料及自然簡約風的生活方式，覺得透過 DIY、自行設計組裝，展現出自己想要的空間語彙，是一件挑戰感官與創造美學的樂事。
email / thai38@kimo.com
自營飲料店「泰 38」/ 高雄市藍昌路 398 之 12 號

取材時 2009 年 12 月：何建華 40 歲
買下 15 年中古屋：1996 年 5 月
峇里島旅行：2003 年 10 月
改造完成：2005 年 2 月
離職：2007 年 7 月
成立「泰 38」飲料店：2009 年 10 月

1_ 客廳靠陽台的一側。牆面上的大圖輸出是咖啡店汰換下
來的，再搭配壓克力板，並自行剪紙貼上「CREATIVE
SPACE」的字樣。陽台的木百葉窗，撿到的時候是長型
的，刻意裁切成一格一格、並且重新上漆。

2_ 客廳往玄關看的角度。可以發現建華並沒有太多的木作
裝潢，讓家具本身的木質特色來說話。身後的大型吊燈
除了裝飾外，燈籠的空間還可以暫放帳單與信件。

　　去年在花蓮初識建華的時候，第一印象是他很熱情，送給現場的幾位朋友百顆小珠珠編織而成的裝飾鏈，而且是他自己手編的。我們聊到住宅時，剛完工的他立刻將照片拿出來，如生孩子般的喜悅心情，熱情地與每個人分享作品照片。當時對於照片中的層層布幔印象深刻，來到現場時其實還頗有一徑又一徑的美妙感覺；空間中若沒有這些布幔，視覺與美學的深度想必會減少許多。

結合旅遊與小時候的空間舒適體驗

　　「還在電台上班時，一次員工旅遊，我們初次住宿峇里島的villa，那豔陽與長廊形成光影的強烈對比，每個家具都是沒有上漆的原木，既厚實又簡單，還運用大量的布幔、垂簾，這一趟旅程為我帶來許多good idea！」建華說。「峇里島之旅也喚醒了我小時候住在老舊眷村的空間記憶，我們家就像連續劇《光陰的故事》裡那樣的房子，我爸還特別把木頭都釘在地板上，就我們家走起來最舒服。」

　　建華決定拾回重塑並結合峇里島與兒時家屋的空間語彙。由於他一個人住，一房一廳就已足夠，因此拆除了客廳與起居室之間的一道隔牆，然後整間都抬高幾公分再鋪上木地板，就跟眷村老家一樣，好讓自己不論走到哪裡都可以赤著腳走，不會覺得地板冷冰冰的。有點雜物潔癖的建華，在起居室與主臥之間設了一整面的收納櫃，把小廚房、

1_ 浴室面積半坪不到，馬桶的對向就是沖澡的空間，為了避免波及修飾塑膠門的原木洗手門片及檯面，於天花板裝簾子隔掉溼氣。浴室裡的巧思很多，懸吊著的花盆裡面裝的是朋友裁切剩的檜木片，還散發著淡淡香氣。右邊磁磚牆上掛一個木雕框鏡面方便刮鬍子使用。

2_ 建華最喜歡的時刻，就是下午三、四點左右的陽光，透過木百葉灑進來的感覺，總是讓他想起峇里島的陽光和愜意。

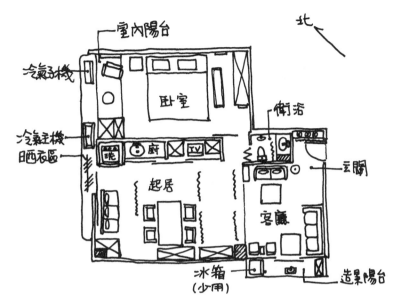

建華家平面示意圖

洗衣機、電視機都藏起來，所以平時家裡真的就跟渡假villa沒什麼兩樣，簡潔樸實、還帶點Bali夢幻。

cost down 再 cost down

　　木作就是前面提到的地板與櫃體，並沒有多餘的綴飾，其他就靠建華的佈置功力了。由於預算真的很有限，加上他喜歡居家DIY，佈置階段對他而言是好玩又享受的過程。他先到高雄市民族路的布料行採購價格打了一至三折的零碼布，紋路或材質沒有特別限定，但以白色、透光為主。回家之後把這些零碼布較長的一邊縫在一起，就形成了寬度約一米五的布幔。然後，將窗簾桿釘在天花板上，再把布幔用活動夾固定在桿子上，就可以依照需要調整布幔的寬度。

　　同樣的，所有搭配椅子的抱枕，從枕心、內裡到枕套，都是建華自己挑選，好處是可以決定要放多少塞棉到枕心裡面，好達到自己對抱枕柔軟度的要求。內裡及枕套請人縫拉鍊一條才八十元，整顆大抱枕製作下來的成本和工錢只要二百多元，不到一般市售抱枕價格的三分之一，還可以自己決定喜歡的布料花紋與顏色。

從小習慣敲敲打打自己來

　　我問建華為何會有自己動手做的想法，建華提到他的父親在退休前是職業軍人，卻

IDEA

生活家電
「看不見」！

有雜物潔癖的建華，十分堅持要讓空間簡化優雅、不要有突兀的電器雜物，因此，不論是視聽設備、小廚房、洗衣機或冷氣機，都想盡辦法藏起來。

1 在起居室與臥室之間的這道大型收納櫃，是空間中少數的木作，裡面藏了視聽設備、小廚房以及洗衣機！

2 中段拉門往右推，就是簡易型的輕食小廚房，電磁爐放在上櫃裡，需要時再拿下來使用，下櫃則有烤箱。

3 洗衣機藏在窗台旁的櫃子裡，洗好的衣服可以直接晾在旁邊的窗台上，晾好之後可以把格子木窗拉起，就不會看到衣物。

4 建華覺得臥室的冷氣機造型有礙觀瞻，故將機器朝窗外掛，然後再把排風方向往臥室裡面調，因此睡覺時不會間接吹到造成頭痛的問題，天熱時再加上電扇吹，必然暑氣全消。

1＿建華的家門口、也就是等電梯的地方，也是精心佈置。

2＿建華經營的飲料店「泰38」一景，只是一間小小飲料店
　　也可以變得很 Asia。

十分多才多藝，家裡有些桌椅是父親用廢棄的鋼砲彈殼敲打成的，當時也流行在眷村院子做些假山假水，除了打毛線衣，還會用縫紉機車出窗簾、電視機的蓋布、桌布等。父親的「大」工具箱與人等高，打開之後每個工具井然有序掛在牆上，每隔一段時間就會全面保養一次，宛如植物學家的眾多標本般備受呵護。建華在改造自己的老房子時，都是跟父親借電鑽、工具，而且必須小心使用、按期歸還才行。有其父必有其子，對建華來說，自己敲敲打打 DIY，是再自然不過的事。

　　房子改造完後隔一陣子，建華離開電台、告別上班族生活，並以創業基金租下高雄大學附近的店面，結合了空間、行銷與飲食的設計，自創專攻學生族群的「泰38」飲料店，

每杯基本款的飲料都是38元，更推出道地的泰式撞奶茶、以及自行研發的悶燒黃金奶和懷舊爆香奶，泰式撞奶茶真的很道地，不像有些賣的只有顏色沒有口感，一杯容量為960cc，喝一杯就抵一頓餐了，初試啼聲生意還不錯，有經過的話也可以去捧捧場囉！

Do
It
Yourself

省錢有料、
藝術品裝飾
DIY 素材

1 園藝磚裝飾牆面：在園藝店買到峇里島進口的戶外磚，買了三個依序固定在牆上，石材雕刻因光影而產生立體感。

2 布成為藝術掛畫：將喜歡的布料圖案繃在撿到的板材上面，就是一幅掛畫，成本不到二百元。

3 為木雕板裝上門框：如果要找到一扇有木雕且不俗氣的木門，比登天還難。在量好臥室門的尺寸之後，將峇里島買來的木雕刻裝飾板配在門框上，門框再漆上色系相同的油漆，就好像是一體成形，一扇門有四片木雕板，含工帶料約八千元。

4 自己「發包」製作抱枕：枕心的棉花厚度可以自己決定，拉鍊請布料行直接縫好，枕套可以選擇自己喜愛的顏色。

6 旅遊收藏品成裝飾：建華在泰國買了好多佛手，他欣賞它溫柔、朝上的包容感，把佛手黏在櫃門上，下面再自己裁切字體貼上，真的變得好似住在 villa 了！

5 掛畫軌道＋細鋼索＝想變就變：在建華的家隨處可見掛畫軌道與細鋼索的活用，所有的裝飾品都可以隨時更換。

1_ 主臥窗台旁，可以俯瞰外面的景色，是工作回家後犒賞
　　自己心靈的小角落。

▶▶ 改造預算表		
工程名稱	**費用（元）**	**費用%**
拆除、清運廢棄物	15,000	3%
泥作（切窗／水洗石／大理石）	32,000	6%
木作	120,000	25%
水電	27,000	6%
鋁窗、玻璃	38,000	8%
油漆及防水	25,000	5%
峇里島柚木家具	110,000	23%
泰國燈具及藝品	52,000	11%
廚具、冷氣、衛浴等雜項	61,000	13%
合計	480,000	100%

▶▶ 自家工班推薦

木工裝潢：石慶勝

非玩弄匠氣，頗愛新設計概念，藝氣十足喔！

連絡：0955-553-859

水電工程：玖鑫工程／黃啟昌

整齊劃一粗細分明；這樣態度拉電線就對了！

連絡：0932-889-580

藝品店：驛騰進口藝品／李美寬

死愛泰國──我的存款就是在這裡破功了！

連絡：0910-867-873、07-522-3477

Part II

老屋體檢、健康變身！

1. 古早厝修復術
刮漆、修復與保養

修復老房子會很貴嗎？並不一定。如果只是要清洗掉建築體外表被酸蝕的部分，一整間三合院大約需要兩桶環保洗劑，如果自己動手清洗，大約花費一萬元左右。費用較高的是剝漆這個部分，但若能夠 DIY，也能省下不少工錢。國內的老房子種類繁雜，在此以常見的區分，分為中式木構紅瓦、日式的木桁架搭灰壁、台式土角厝及三合院、磚造眷村、水泥洋館（老街）等。

本單元請教的專家，是修復過大雄寶殿、三峽老街、花蓮酒廠、行天宮等超過五十多個古蹟的綜茂公司洪勝利先生（連絡：0932-228-428），他主張以環保為前提來修復老房子，熱愛古蹟、老建築的他，時常親自到民宅教導工班如何施作，以發揮修復的最大效益。

Q——家裡有很多老木門、窗框，因為怕長蟲蟻，二十
年來上過幾次漆，現在想恢復原狀，要怎麼處理？

A——其實這是可以步驟化的，在此分別以本書中的雲
林永和堂及行天宮的木門做為示範。同樣的剝漆流程，
也可以運用在上過漆的洗石子牆、磚牆、水泥牆等。

永和堂木門剝漆觀察

1_ 將門擦乾淨、並用手電筒仔細檢查木門是否有嚴
重裂痕。

2_ 以上油漆的方式，均勻塗佈剝漆劑，須注意不要
塗到玻璃以免浪費。

3_ 為隔絕溼氣，用塑膠膜（油漆時墊在地上的塑膜）
包覆住門，待乾後再取下。

行天宮木門剝漆觀察

1_ 行天宮的木門原本狀況，除底漆外、表面還上有
保護漆。

2_ 先在地上鋪上保護塑膠布，以防施工時傷到地磚。

3_ 將玻璃及珠珠的部分用塑膠膜包覆。（通常在重
要空間才需要如此費工，如果在家裡自己處理窗
門框可省略。）

4_ 均勻塗佈剝漆劑、包上塑膠膜。

5_ 透過塑膠膜看剝漆劑正在與油漆產生反應，待完
全反應後，將塑膠膜撕下。

6_ 用刮刀可以輕易將已反應過後的漆屑刮下，有些
較深層的部分沒有刮到，就需要再塗一次剝漆劑，
並用抹布沾殘漆清洗劑擦拭。

7_ 剝漆工程完工之後的木門外觀。

洗石子牆

洗石子牆在剝漆之後，因殘漆無法用刮刀在凹凸不平的表面刮除，可以使用水柱清除。

Q——拆掉木地板後，原始的地面上黏有施工過程的泡棉及黏膠的痕跡，很難去除？

A——剝漆劑其實被廣泛運用於各種狀況，連飛機表面換漆，一樣可以使用它。

1_ 施工前先清掃表面灰塵。

2_ 掃後地板出現摳不乾淨的部分，上面始終黏有固定板材的泡棉餘膠。

3_ 塗上刮漆劑後再鋪上塑膠膜，讓劑量與地板黏膠雜質起反應。

4_ 撕掉塑膠膜後，殘膠變得容易刮下。

5_ 最後再以殘漆清洗劑擦拭。

Q——一般刮漆都用香蕉水和鋼刷，請問這樣有什麼後遺症嗎？

A——的確，如果要去除局部，多以香蕉水在漆面上多次擦拭，然後再用鋼刷刷掉表面的漆。可是一來香蕉水有毒性、對人體不好；二來鋼刷容易刮除不均，甚至在香蕉水的侵蝕之下，殘漆還很有可能被擠進木頭的毛細孔，造成永遠無法刮除的現象。

1_ 用鋼刷很容易把原本的殘漆刷到毛細孔中，造成表面有斑點。

2_ 用浸泡去漆劑的方式將木框表面的漆剝落，但使用的化學藥劑刺鼻且有毒性。

3_ 有些亮面漆難以完整去掉，就會造成斑駁的狀況。

可用除藻劑中和磚牆或結構部位的青苔，並降低青苔的生長速度。

Q —— 磚造老三合院，外牆上了一層水泥粉光、室內則上漆，現在想要將水泥及油漆去除、可以看到最純樸的磚，要怎麼做？

A —— 先用環保剝漆劑塗佈外牆待油漆反應，再用刮刀小心將水泥與漆輕輕刮除，之後再用沙拉脫清洗。如果希望磚牆將來不要長青苔，則最好上一層保護劑。如果磚牆在去漆之後，沒有幫表面做保護層，將來會長青苔，雖有人覺得青苔看起來很有味道，但其根部是酸性的，會侵蝕中和掉磚塊表面，久了就會導致粉狀，尤其是海邊或捷運站旁的房子，風化速度快，表面更需要保護。我曾經處理過的台北中山堂，做了保護之後已經維持了十二年了。

※ 小建議：目前國內的環保剝漆劑已知的有綜茂及台亨，分別來自德國與加拿大，水性、可被生物環境分解、無刺鼻氣味，施工方式以塗佈取代浸泡。
綜茂　www.megaway.com.tw
台亨　ms11.carytrad.com.tw/customer/historical

Q —— 要避免土角厝、水泥牆表面繼續粉化、風化，要如何處理？

A —— 可以使用單液型的矽酸酯類產品，讓建材恢復到原有強度、滲透到深層。讓表面是在乾燥狀態（大太陽下）時，將該道牆的表面淋溼、使其吸水直到飽和，用滾筒或噴灑的方式將復健劑均勻塗佈上去。待乾了之後用丁酮或酒精擦拭掉復健劑，十四天至四週之後再塗上石材防護撥水劑。經由建築物表面毛細孔及毛細現象滲入混凝土內部，在三到七天的時間內，與結構體中所含之矽元素起化學變化並產生架橋共構，將毛細孔縮小，防止水及濕氣之滲透。防護劑亦可阻止鹽分釋出而破壞結構體表面之完整，但不影響結構的透氣性，而達到防水保固及防止風化之目的。

※ 小建議：單就修復老屋這個階段，一般民宅不建議找建築師或設計師，直接找古蹟修復專家或公司代為整合，可以省掉很多中間費用。

1 _ 竹北的客家新瓦屋，土角厝的表面，輕摸就會有風化的粉沾在手上。

2 _ 於室內外進行復健劑的噴塗。

3 _ 完工一年之後再去測試表面，表面就無泥粉沾黏了。

▶ **國內可參觀的老房子更新實例**

1. 磚瓦型：三峽、湖口老街、老松國小旁的剝皮寮老街
2. 磚造屋：大溪李騰芳古宅
3. 土角厝：竹北新瓦屋（分三期修復）
4. 大木構：原本是日本神社的圓山護國臨濟寺
5. 日式建築：宜蘭的校長宿舍
6. 磚造＋洗石子外牆：澎湖第一賓館
7. 白灰牆：北極殿、文昌閣
8. RC＋磚造：原林百貨
9. 日式宿舍：李國鼎故居

▶ **剝漆前，先進行小區塊測試**

另外一位有古蹟修復經驗、施作過北投文物館、辛志平校長故居、李國鼎故居的許志銘先生（連絡：0922-231-108）補充，建議以剝漆劑先進行小區塊的測試，至於為什麼會這樣做，原因主要有兩點：

　　1. 由於坊間油漆的種類眾多，剝漆劑也有不同的選擇，現場進行測試之後再選擇適合的剝漆劑，像適合木器塗料的剝漆劑就不見得適用於金屬表面塗料。
　　2. 方便計算成本。因為舊漆可能會有好幾層，有可能一次剝不乾淨，要分好幾次施作。一般說來，單液型的塗料（如一般的油漆、水泥漆）較容易進行剝漆工程，雙組份塗料（例如混合硬化劑的PU塗料、環氧樹脂塗料）進行剝漆工程較為費工耗時。

再來，是施作的氣候與環境條件，盡量避免在大太陽底下施工，因為水性的剝漆劑會因為高溫環境而造成剝漆劑的水分揮發速度加快，造成剝漆劑滲透與反應的時間縮短，效果會打折扣。所以還是建議在傍晚施作，次日早上再進行剝漆處理。

▶ **環保剝漆劑、環保石材防護劑的價位行情**

目前國內進口環保剝漆劑及石材防護劑等產品主要有綜茂與台亨兩家，產品雖各有不同，不過都是以環保為前提。如果能夠透過自行施工，就可以省下中間利潤，老房子修復亦不會再是沉重的負擔。（以下價格為2010年行情）

綜茂： 復健劑一公斤約1200元，可塗佈1 ～ 1.2平方公尺。

　　　 剝漆劑一公斤約1200元，每桶25kg可做17 ～ 25平方公尺的面積。

　　　 木材防護劑則是一公斤2000元，約可做10平方公尺。

　　　 石材防護劑一公斤約300元，可以塗佈約2平方公尺。

　　　 （以上皆為德國進口）

台亨： 復健劑一公斤約850元，可塗佈0.5 ～ 1平方公尺。（德國）

　　　 剝漆劑一公斤約425元，可做1平方公尺的面積。（加拿大）

　　　 木材防護劑（歐斯蒙木器塗料）0.75公斤1800元，約可做10平方公尺。（德國）

　　　 石材防護劑一公斤約800元，可以塗佈約30平方公尺。（德國）

2. 公寓透天防水術
老公寓及老透天的防水處理

房屋民事訴訟中以裝修佔最大比例，裝修中又以漏水糾紛最多。設計師王議陞提到，漏水是最容易超過保固期的項目，通常房子完成要等三至五年才會發現漏水問題，但這時早已超過營造商或建築設計者的保固期。防水專家李瑞山則表示，有人認為防水很貴，但仔細一算，新屋防水才佔總工程 3～7%、老房子則佔 8～10%，卻是決定將來是否適合長期居住的關鍵。

曾經有位屋主在台北市區買下老公寓、並花四百萬元請人設計裝潢，一年後開始出現漏水問題，由於不想破壞百萬裝潢，就只能請防水工程師東修西補，花了一百萬元還是根治不了，最後只好痛下決心把裝潢全拆，從基礎開始做防水。如果一開始就撥出總工程的 10% 來做好防水，也許就可以省下不翼而飛的五百萬元，也可以換來好幾年的舒適居住品質。而鑑於各工種各有專長，與其讓泥作工班順便做防水，最好還是找專門的防水工班。確定房子沒有壁癌與漏水疑慮，再來談裝潢。本單元與兩位十多年合作夥伴設計師王議陞（連絡：0936-194-606）及十五年防水經驗的李瑞山（連絡：0915-114-022），討論數種防水狀況如下。

Q——外牆滲水怎麼辦？
A——一般通常都是將磁磚拆掉，重新處理防水。比較老舊的外牆沒有磁磚，就要全面做，主要是用彈性水泥上戶外水性保護材或油性防水材＋油性保護面材。外牆在黏上磁磚或二丁掛之前，通常會上一道彈性水泥，但隨著日曬及氧化，開始產生裂縫，所以就會滲水。可以選擇塗佈結晶水（結晶滲透型防水材），它會填補磁磚之間的細縫，並滲入水泥反應成為保護層。

1. 防水「導」水示意圖

於樓下安裝
不銹鋼鐵盤
集水之後排出

Q——住在老公寓裡，樓上鄰居的浴室及陽台的水，會透過天花板滲到樓下，要用導水法或斷水法？
A——要採取防水方式中的「導」或「斷」，關鍵在於樓上住戶的意願。樓上浴室會漏水到樓下，通常是老公寓樓板與牆面之間產生裂縫。如果今天樓上住戶不願意找防水工班處理、或者讓樓下住戶出錢到樓上處理，樓下住戶只好摸摸鼻子，在自家天花板漏水區塊裝鐵盆，匯集從樓上留下來的水分並裝導管排出，這個是「導」。不過缺點是久了之後，水泥樓板會因沒有維修而逐漸氧化、腐蝕，容易危險（見左圖1）。若是樓上住戶願意配合做防水，則可以直接在該漏水浴室重新做防水，直接「斷」掉水路。（見左圖2）

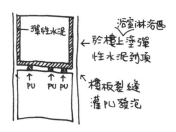

2. 防水「斷」水示意圖（∨）

浴室淋浴區
彈性水泥
於樓上塗彈
性水泥到頂

樓板裂縫
灌PU發泡
PU　PU　PU

Q——承上題，若是陽台或浴室要做防水，有什麼要注意之處？
A——之前曾有屋主陽台共鋪了四次防水PU，每次都是新的PU鋪在舊PU上、厚達20公分了，樓下還是水照漏。究其原因，原來問題出在水泥表面（即RC粗糙面的水泥粉光）已經有裂痕，PU鋪在上面久了也會變形或跟著裂開。所以很重要的是，老公寓陽台之前鋪的防水層要先拆掉直到見到RC粗糙面，再重鋪才行（見左圖3）。至於室內浴室則用彈性水泥來防水，淋浴區須塗到頂。若樓下住戶亦可配合，則在樓上進行防水工程之前，先於樓下天花板可疑處（通常位於樓板跟牆的交界面、跑管線的細縫，不過還是要請防水專業者確認）灌注PU發泡，將裂縫填滿、並趕走細縫裡的氣泡。

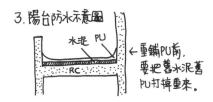

3. 陽台防水示意圖

水泥　PU

重鋪PU前，
要把舊水泥舊
PU打掉重來。

RC

◎ PU標準厚度是3~5mm。

陽台的滲水滴到樓下，針對漏水處（樓板與牆
交接處、轉折處）高壓灌注 PU 發泡，灌注壓
力須調整，以免打破樓上磁磚。

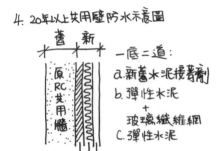

4. 20年以上共用壁防水示意圖

Q──在老透天的施工現場，我看到您在共用牆上貼了
一個網狀物，是否跟防水有關？
A──二十年以上的老透天厝與鄰居共享的RC共用牆，
容易因熱脹冷縮、或者與鄰居之間的室內溫度不同而產
生裂縫，為了確保塗佈上去的防水層（彈性水泥）不要
被拉裂，我認為裝上玻璃纖維網比較安全。其方法如下，
在一底二道的第一道未乾時就鋪上玻璃纖維網（一底是
新舊水泥接著劑、兩道彈性水泥，見左圖4），等乾了之後，
再塗第二道彈性水泥。成本並不高，一坪只要再外加200
元，但卻可以強化防水牆的結構性。

▶ **各項防水工程參考行情**（價位依難易度及現狀有所調整）

為了符合經濟效益，防水、抓漏一般工班出去，至少能夠滿足工班出
發的基本費用，太小的坪數不能依照每坪計算。因為防水的好壞，無
法透過肉眼判斷，選擇防水工班團隊，主要還是要靠朋友介紹、或者
去基地看該防水工班施作的過程及專業度。（以下價格為2010年行情）

種類	價位	備註
PU 防水	每坪約 1800 ~ 2200 元（打底＋3mmPU），坪數過小就要以工錢材料計算。	多用於戶外，如陽台、露台。
彈性水泥	每坪約 1500 元（塗佈兩次），坪數過小就要以工錢材料計算。	多用於室內，視屋況增加玻璃纖維網，每坪 200 元。
高壓灌注、填縫	10 針以內平均 8000 元以上，超過 10 針每針 650 ~ 800 元，全室抓漏 250 ~ 400 元。	材質通常為日本進口的 PU 發泡劑。
結晶水	物料成本每公斤約 1000 元、五樓以下連工帶料每坪 6000 ~ 7000 元。坪數過小就要以工錢材料計算。	用於外牆防水，吊車另計，六樓以上樓層亦要另計上下補料費用。

▶ 木地板施工漏水的失敗案例

這是讓人心驚的真實事件，雖說有定期把潮溼地板更換，但沒有找到問題點，其實只是浪費時間跟成本罷了，而且還犧牲了一家人的健康。案例的屋主本身是設計師，自從老房子裝修完後，兩個孩子全年都患過敏、氣喘，而且客廳木地板常會局部潮溼，「雖然該名設計師會固定把潮溼掉的木地板更換，但似乎都不能根治，溼氣與霉氣持續影響全家人的健康。」王議陞說。直到有次設計師委託他前往勘查，他懷疑是浴室牆角漏水，於是堵住浴室門和排水孔，果然水從牆角快速滲出。除此之外，也發現到客廳的木地板異常潮溼，於是撬開幾片可疑的木地板一看，發現木地板與地面之間有積水。「原來，自來水管沿著客廳邊緣走，工班當時在鋪木地板時，別的地方都鋪角料，唯獨此區因高度被水管佔用，就直接將地板斜釘在另外一片地板上。而且在釘的時候，還不小心釘到水管造成破洞，卻僅用補土稍微補上，並沒有更換水管。」由於水管上面正好就是走道，每天直接踩在水管上，水持續滲出、浸泡著木地板與角料，連帶影響居住者的健康。

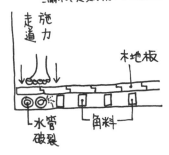

漏水、失敗案例示意圖

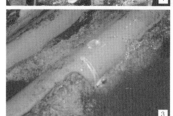

1_ 塞住浴室門之後放水測試，水從浴室門檻滲出、流到木地板裡，將木地板撬開後，裡面都是發霉與積水。

2_ 位於走道下方的水管，兩側沒有角料幫忙支撐，直接在上面釘木地板，加上有破洞，長期踩來踩去就開始漏水。

3_ 施工時被釘破的水管，僅用補土補破洞，久了還是漏。

3. 老屋補強術
「鋼板斜撐補強」與
「碳纖維補強」工法

鋼板斜撐補強工法,有人簡稱為「X型工法」,若牆的兩面都補強,則又稱為「三明治工法」。這種工法通常用在想要被保留但又有點脆弱的老房子中,以下是與有十四年補強經驗的台中結構技師鄭功仁(連絡:0921-772-488)及本書個案屋主台南結構技師施忠賢(連絡:0933-673-781)的相關討論。

Q——鋼板斜撐補強工法的原理?什麼狀況會用到?

A——磚造或RC構造的建築物,在地震的拉扯下會產生剪力,剪力轉化為對牆的斜向拉力,裂縫通常出現在拉力的垂直斜對角。老房子在左右上下搖動的大地震中(例如九二一地震),容易出現整面牆的對角線都產生裂痕。

　　有些四十年以上的老房子,不但沒有地基、也沒有樑柱,牆面本身就必須擔負結構承重,若有X向與Y向牆交角處拉裂,這時就比較適用鋼板斜撐補強,除了使斜角兩向都恢復抗拉力的能力外,還可利用X、Y雙向鋼鈑焊接重新拉回已產生裂縫的X、Y雙向牆面。(如右圖1)

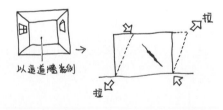

地震裂縫產生示意圖　　　　　　　　　　　圖1

1_ 因地震,牆頂產生側向位移(層間變位),右上左下之對角線變長(拉伸)、左下右上之對角線則縮短(受壓),變形接近平行四邊形。因磚牆抗拉強度差,受拉處易被拉裂而形成如圖中之裂縫,裂縫大多由中間向角隅發展。

2_ 牆體受地震面內力作用之斜張裂縫,大都由中間向角隅發展(中間先裂)。

Q ── 可否說明一下鋼板斜撐補強的步驟？

A ── 鋼板工法不一定要兩面，端看牆面對結構加強的需求度以及施工難易度。鋼板斜撐的補強施工，不宜找一般鐵工，宜找專業的結構工程團隊，從計算到施工都較有保障。

1. 找出整面牆的大小裂縫，都灌進 epoxy（環氧樹脂）填實。不可用發泡 PU 或彈性水泥，因為它們只能防水但不具有結構性。
2. 在牆上畫好底線後，沿著底線敲除粉刷層，直到露出磚或鋼筋混凝土層，並將灰塵清乾淨。
3. 將鋼板夾住牆的兩面、打孔，再用 M16 螺桿穿過牆與鋼板，並暫時用螺帽將螺桿兩端鎖緊。
4. 在鋼板與牆面之間的邊緣細縫先塗黏稠度較高的 epoxy，專有名詞叫做批封或封塞。
5. 等到邊緣乾掉之後，再用較為液態的 epoxy 灌到裡面，這樣可以讓液態 epoxy 不會流出邊緣。乾了之後，牆與鋼板就成為一體。

6. 為了不增加完工之後要粉刷的牆的厚度，取下螺帽，並焊住鋼板與螺桿末端。（焊接螺桿須在灌注 epoxy 前，也就是在步驟 4 的時候進行。）
7. 在整面牆上塗 epoxy 做為防鏽，再塗上砂，形成粗糙面，以便粉刷。

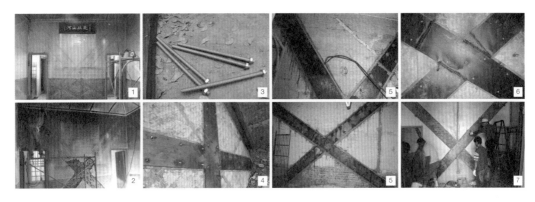

1_ 把 epoxy 灌進牆裡的各處裂縫，並打底線。

2_ 在底線範圍內，敲除粉刷層直到見磚。

3_ 用來鎖住牆的兩面鋼板的 M16。

4_ 鎖住之後先用螺帽緊扣住，讓鋼板與牆背側的鋼板更加緊靠。

5_ 鋼板邊緣線都批封後，將液態 epoxy 灌進中間地帶。

6_ 取下螺帽後，焊接螺桿末端及鋼板交叉處。

7_ 在鋼板上塗上砂，形成粗糙面以利粉刷。

Q——碳纖維補強的原理？

A——碳纖維補強，就是用極薄的碳纖維鋪成，可以提供極佳的面內應力，也就是與牆平行的力道。它不需要植筋、鑽孔，只要鋪在牆上面就好，最常見的就是用在與鄰居的共用牆上，這樣可以在不干擾鄰居的前提下做補強的動作。碳纖維結構性佳，若把碳纖維鋪到跟鋼板一樣厚，則它的支撐強度會是鋼板斜撐補強的十倍！

Q——可否簡述碳纖維補強的施工步驟？

A——1. 敲掉表面的粉刷層、並用epoxy先將裂縫灌實，灌注時要注意不可以一開始就高壓灌注，因為高壓可能會把氣泡逼到死角造成爆裂，建議先低壓慢慢調到高壓。
2. 底塗epoxy之後貼上第一層碳纖維，乾了之後再塗epoxy接著劑於表面，並反向貼上第二層。
3. 貼的時候若有氣泡要壓除，就跟貼壁紙一樣。
4. 表面修飾：面層貼磁磚時，在碳纖維表面塗上新舊混凝土接著劑、乾了再塗上5厘石或石英砂，待乾了之後再貼磁磚。面層塗油漆時，因為一般油漆的底漆與碳纖表面難結合，要先塗隔熱漆，待乾了之後再塗面漆。（一般不用新舊混凝土接著劑，而是直接用epoxy接著劑表面塗石英砂做粗糙面，若要油漆則只須採用epoxy系列之油漆即可，無須漆隔熱漆。）

1_ 碳纖維像是薄膜膠帶，是一整綑的。

2_ 正在裁切碳纖維，用一般的美工刀即可。

3_ 與鄰居的共用牆用碳纖維補強工法，圖中為碳纖維第一層。

4_ 碳纖維第二層，貼的方向與第一層相反。

5_ 房間裡兩層都貼好的碳纖維補強。

Q── 以上兩種工法，都可以補強轉角線分離的牆面嗎？（如左圖）

A── 碳纖維補強不行，它只適合平面補強，遇到垂直面就會失去結構力。而只要這兩面牆都是以鋼板斜撐做補強，在轉角線裂開處灌注epoxy後，將鋼板末端「滿焊」，就可達到互相傳遞壓力、抵抗多向拉扯的目的。

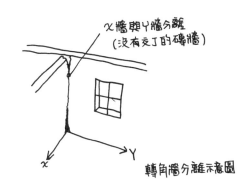

X牆與Y牆分離
（沒有交丁的磚牆）

轉角牆分離示意圖

Q── 如何判斷品質可信賴的結構工程團隊？

A── 以往國內的結構工程團隊並不多，直到九二一大地震後如雨後春筍般出現。結構工程團隊的選擇，要從實績品質、施工記錄、施作者能否清楚解說來判斷。簽約保固通常在五至十年，書中提到的雲林永和堂則保固十五年。級數通常以九二一的震度為標準，譬如雲林在九二一時的地表加速度是350gal（地震規模7.3、雲林震度6級），則讓雲林的老房子在補強後，至少要能夠承受350gal以上的地表加速度。

▶ **工法的價位與行情（以下價格為2010年行情）**

1. 鋼板斜撐補強

單面牆每平方公尺8000～10000元，不過會依照物料漲跌而有所調整，總價是以鋼板的面積來算。譬如一面5×5公尺的牆，用7×0.5公尺的鋼板對角線補強牆的單面時，需要7×0.5×2條對角線，共是7萬元，若是採雙面三明治工法，則是14萬元。

2. 碳纖維補強

通常碳纖維補強都會貼兩層才算完成，報價也跟使用之碳纖維材料、保固期限有關，主要分300g/m2及200g/m2，每平方公尺貼兩層的費用約在4000～5000元之間，會隨著使用的量調整價格。

4. 讓房子深呼吸
通風與換氣帶來住居的舒適

不知大家對氣溫與濕度是否敏感？這幾年下來，我發現最讓我感到舒適的範圍是在濕度約 55 ～ 65% 之間，溫度大概在 24 ～ 27 度 C 左右。當濕度低的時候，還可相對忍受熱一點或冷一點的溫度。台灣地處亞熱帶，根據統計，若不論濕度的話，攝氏 21 ～ 26 度是人體感覺最舒適的氣溫。有興趣者可查詢網路上「人體舒適範圍」圖表，簡稱 ASHRAE，他們統計的結果呈現的是全球平均值，故濕度會有低到 15% 的地步，對台灣人而言是非常乾燥的，僅供參考！

1 _ 當溫度與溼度在舒適地帶、微風徐徐時，靜靜坐著就很舒服。

2 _ 在頂樓開設天井、運用樓梯間的通風浮力（當然天井上方要做好防水及防雨措施），可以幫忙帶走室內的濕氣與熱氣。

溼冷比乾冷更冷

相反的，跳出舒適範圍，如果台灣的冬天12℃、溼度高達70%，就會覺得溼冷。回想在日本的飯店裡，即使空調是20℃、但溼度只有10%時，鼻子又乾又痛，只能緊挨著熱水器吸它的蒸汽。溼冷會比乾冷還要冷，因為空氣中的溼氣要蒸發時，會吸收並帶走人體熱源。

風會帶走人體表面的熱氣

雖然空氣的流動對平均室溫並不會造成改變，但人體表面有些水氣，若增加空氣流動的速度，帶走這些表面水氣，對人而言，會因此覺得比較涼爽。因此，「風」對於舒適地帶仍有影響，這就是所謂的風寒效應（Wind Chill Effect）：在同樣風量下，溫度越低、降溫值越大。例如打開電扇的最強鈕、風速約每秒8公尺時，室溫28℃對人體而言會感受到涼爽的26℃、20℃感知溫度則會降到15℃。而吹起每秒20公尺的颱風時，原本無風的20℃氣溫則感知12℃、10℃則會感知-3℃。

1 _ 用風扇抽出地下室的涼風，並拉至頂樓等熱源空間釋出，達到室內溫度均衡的效果。

2 _ 透過開窗引進室外涼爽空氣，狹長開窗可避免陽光熱輻射進來太多。

▶ 炎熱的夏天或寒冷的冬天，住在都市電梯大樓或公寓的人，常常須花大筆經費來平衡室內溫度、達到舒適範圍，以下為幾項原則，可做為夏天過熱時的參考：

方法1：判斷熱源並改善
台灣以東北、西南季風為主，夏天吹的是西南風，如果將冷氣主機設在西南方的角落，則熱氣會久久無法散去、甚至又傳回室內，增加冷氣負擔。因此將機器設計在北方，比較可以降低機器負擔。

方法2：排掉熱、吸進冷
這適用於近郊、非盆地的市鎮，透過風扇或開窗設計，將室內熱氣抽出，並吸進乾淨、涼爽的空氣。通常周圍若有水池或樹林，較有可能帶進涼爽的風。

方法3：將低溫區氣流引到高溫區
若客廳剛好是西曬，在吹冷氣的同時，也可以用風扇將最涼爽的房間或地下室空氣引導進來、吹往客廳，並讓風吹的動線形成循環，可以降低冷氣負擔。

方法4：避開或抵制熱源
太陽會直射的路徑，應避開大面開窗的玻璃窗或天井。若對面有玻璃帷幕大樓，也要注意是否會遭到熱源反射。

5. 再訪《蓋綠色的房子》
屋主近況動態

前一本書《蓋綠色的房子》說出了故事中主角們的當時狀況，但是誠如披頭四唱著 Ob-La-Di, Ob-La-Da, life goes on，他們的生活還是繼續下去、上演著不同的情節。正祥去當兵了、吳一志在九二一地震園區經營人文咖啡館、新竹的羅大哥又跑去上班……。趁著去年冬天在台東上課、以及農曆年前來訪花蓮，阿羚又很開心跑去找書中幾位朋友，看看近況如何，以下是幾位可愛的屋主們的最新動態喔！

雙層屋頂落實在台東林老師的家

　　十一月去台東時，順便帶著新竹的手工餅乾去拜訪林志堅老師。那時我穿著短袖短褲，讓全身包著緊緊的夫妻倆嚇到了。也許是關山真的比較冷吧，但我總覺得台東永遠都是穿短袖短褲的美好地方呢！我們喝了美味的東方美人、聊到近況後得知老師家的屋頂上面又再新增一道波浪板。應該是「再吹涼風」那裡的效果太好了，所以忍不住自家也裝一個吧！

1_ 林老師的家再增加一片波浪板，用輕鋼架斜撐，讓空氣流通帶走室內熱氣。

2_ 上次來時，池邊都還光禿禿的，現在已經長滿了草，池中還有布袋蓮，必須定期撈起才不會長滿，撈起的布袋蓮可以給小兔子們吃。

3_ 早餐有純南瓜湯、蛋三明治和有機豆腐，實在太好吃了，早餐迅速被我們一掃而空。

4_ 老爺想要烤咖啡豆，從生的咖啡豆開始玩！

5_ 老爺的媽媽抱著一箱小南瓜準備拿到樓上裝飾。

6_ 進門之後有一箱滿滿的小南瓜，有的可以吃、有的是裝飾用的。阿Ju不同的季節就會擺不同的蔬果在門口。

7_ 阿Ju在跟小兔子和天竺鼠們說早安。

8_ 母雞白天會帶著小雞們四處覓食，並要防範貓咪的襲擊，晚上則在門口角落孵小雞邊睡覺。

「麵包樹舍」快變成麵包農場啦！

上次拜訪，「麵包樹舍」才剛完工，草都還沒長出來，這次去綠草如茵，主人阿Ju跟老爺種了好多原生果樹，有的是鳥兒帶來的，發芽之後就加以保護讓它長大。原本的看家兔地瓜離家出走了，於是又養了好多小兔子跟天竺鼠，每隻兔兔都有牠的台式綽號。

阿Ju和老爺也接收了朋友送的狗、貓、一隻母雞和一群小雞，老爺的夢想跟我一樣，就是希望能夠養蜥蜴跟變色龍，到時候要再多跟他討教討教了！

跳入火坑的「靠海邊」主人小林仔

　　該怎麼說呢，只能說小林仔實在太重朋友了，而且都學不乖。他經營的「靠。海邊」民宿十分穩定順利，不料一位來自台北的朋友很羨慕，提議要在花蓮跟他共同經營另外一間民宿，並提供一些預付金承租下附近一間房子，天真的小林仔於是以自己的名義跟屋主簽了兩年約，也投入自己的存款開始進行佈置，並取名為「靠。海邊91」。沒想到那位朋友覺得花蓮太安靜、無法適應，於是又拍拍屁股回台北。把積蓄花光的小林仔，現在又要重頭開始，還好之前的「靠。海邊」還是穩定經營中。

　　幸好，小林仔有情意相挺的朋友小牛及 Kuro（都是附近的民宿老闆），小牛幫他整修圍牆及周邊木作、Kuro 則沒事跑來找小林仔聊聊天。所以，小林仔，加油喔！大家都會繼續幫忙你的！

1_ 這是「靠海邊91」大廳一景，全都是自己構思的空間，這傢伙實在很有天分。

2_ 我很喜歡這張大海龜優游自在的模樣，背後的紅色，是小林仔慢慢調出來的色系喔！

3_ 因為是晚上抵達，隔天準備離開時，才發現大門貼了一張好美的圖。

4_ 烤了花蓮熱賣的鹹豬肉和特製香腸，四個人天南地北聊到半夜、搭配小林仔精挑細選的四瓶紅酒，最後是香甜的 Baileys 奶酒收場。

5 _ 用餐前，先將木炭起火，這次戴的
　　也是上次那頂南非帽。

6 _ 再次展現烤肉的功力，大夥都吃得
　　超飽，又祭上烤芭蕉，因為我不吃
　　水果就跳過，吃的人說口感很像蕃
　　薯。

7 _ 上次吃的是飛魚生魚片，這次換季
　　了，是刺很多的魠鮪生魚片，但是
　　蔡董還是很厲害把刺都挑掉了。

改上癮了，挑戰新的一座山！

　　話說逍遙自在的蔡董，那幾間三合院被他改造完後，上次還聽說
要在原基地再用漂流木構築一間木造涼亭與有機菜園。沒想到這次再
拜訪他，竟說他又買下附近另外一座山，裡面也有空了很久的廢棄古
厝，他想要再翻新修復一番，順便把被丟棄在此的垃圾和廢棄物大規
模清理，看樣子愛山人蔡董又有得忙了！

做自己的建築師 02

改造老房子，住在光影與記憶交會的家
最新修訂版

作者　　　　林黛羚
攝影　　　　王正毅
選書責編　　席　芬
資深主編　　劉容安
總編輯　　　徐藍萍
版權　　　　翁靜如、吳亭儀
行銷業務　　林秀津、何學文
總經理　　　彭之琬
發行人　　　何飛鵬
法律顧問　　台英國際商務法律事務所 羅明通律師
出版　　　　商周出版
　　　　　　台北市中山區104民生東路二段141號9樓
　　　　　　電話：(02) 2500-7008　傳真：(02)2500-7759
　　　　　　E-mail：bwp.service@cite.com.tw
發行　　　　英屬蓋曼群島商家庭傳媒股份有限公司城邦分公司
　　　　　　台北市中山區104民生東路二段141號2樓
　　　　　　書虫客服務專線：02-25007718・02-25007719
　　　　　　24小時傳真服務：02-25001990・02-25001991
　　　　　　服務時間：週一至週五09:30-12:00・13:30-17:00
　　　　　　郵撥帳號：19863813　戶名：書虫股份有限公司
　　　　　　讀者服務信箱：service@readingclub.com.tw
　　　　　　城邦讀書花園：www.cite.com.tw
香港發行所　城邦（香港）出版集團有限公司
　　　　　　香港灣仔駱克道193號東超商業中心1樓
　　　　　　E-mail：hkcite@biznetvigator.com
　　　　　　電話：（852）25086231 傳真：（852）25789337
馬新發行所　城邦(馬新)出版集團
　　　　　　Cité (M) Sdn. Bhd. (458372 U)
　　　　　　41, Jalan Radin Anum, Bandar Baru Sri Petaling, 57000 Kuala Lumpur, Malaysia
　　　　　　電話：（603）90578822　傳真：（603）90576622

封面設計　　羅心梅
版面設計　　羅心梅
印刷　　　　卡樂彩色製版印刷有限公司
總經銷　　　聯合發行股份有限公司
　　　　　　電話：(02) 2917-8022　傳真：(02) 2915-6275

2010年03月16日初版　　　　　Printed in Taiwan
2014年12月23日二版
2020年03月31日二版2.5刷
定價400元
ISBN 978-986-6285-48-6

城邦讀書花園
www.cite.com.tw

Photo Credit
部分照片及圖面資料由受訪屋主、設計師、林黛羚及陳國隆提供使用，
特此致謝。

國家圖書館出版品預行編目資料

改造老房子．完成一輩子的夢想／林黛羚
著. ── 初版. ── 臺北市：商周出版：家庭
傳媒城邦分公司發行,
2010. 03　面；　公分 ──（做自己的建築
師；2）

ISBN 978-986-6285-48-6（平裝）

1.房屋 2.建築物維修 3.家庭佈置 4.綠建築

422.9　　　　　　　99003509